博碩文化

U0086571

Sora

開創 AI 視覺
新紀元

Kevin Chen
（陳 根） 著

影像生成 × 大模型時代 × AI商機
盤點AI世代的商業巨頭發展與未來趨勢

認識ChatGPT
如何成為引領
AIGC的霸主

解析Sora模型
將為哪些產業
帶來重大革命

探討大模型發展
的挑戰、風險與
未來趨勢

盤點OpenAI、
Google、Meta
的AI產業發展

作　　者：Kevin Chen（陳根）
責任編輯：Lucy

董 事 長：曾梓翔
總 編 輯：陳錦輝

出　　版：博碩文化股份有限公司
地　　址：221 新北市汐止區新台五路一段 112 號 10 樓 A 棟
　　　　　電話 (02) 2696-2869　傳真 (02) 2696-2867

發　　行：博碩文化股份有限公司
郵撥帳號：17484299　戶名：博碩文化股份有限公司
博碩網站：http://www.drmaster.com.tw
讀者服務信箱：dr26962869@gmail.com
訂購服務專線：(02) 2696-2869 分機 238、519
（週一至週五 09:30 ～ 12:00；13:30 ～ 17:00）

版　　次：2024 年 4 月初版

建議零售價：新台幣 500 元
I S B N：978-626-333-823-4
律師顧問：鳴權法律事務所 陳曉鳴律師

本書如有破損或裝訂錯誤，請寄回本公司更換

國家圖書館出版品預行編目資料

Sora 開創 AI 視覺新紀元：影像生成 x 大模型
時代 x AI 商機，盤點 AI 世代的商業巨頭發
展與未來趨勢 / 陳根 (Kevin Chen) 著 . --
初版 . -- 新北市：博碩文化股份有限公司，
2024.04

面；　公分

ISBN 978-626-333-823-4(平裝)

1.CST: 人工智慧 2.CST: 機器學習 3.CST: 產
業發展

312.83　　　　　　　　　　　　113004549

Printed in Taiwan

博 碩 粉 絲 團　　歡迎團體訂購，另有優惠，請洽服務專線
　　　　　　　　(02) 2696-2869 分機 238、519

前言

PREFACE

2023 年，ChatGPT 風靡全球。憑藉強悍的產品性能，文能寫詩，武能編碼，上知天文，下知地理，推出僅僅兩個月後，ChatGPT 的月活躍使用者就已經達到 1 億人次，成為歷史上使用者成長最快的消費應用程式。ChatGPT 只是一個起點，顯然，ChatGPT 的開發者們不會止步於此——在 ChatGPT 發布三個月後，OpenAI 又推出了新品 GPT-4，再次點燃了人們對人工智慧的想像力。

除了推出更強大的 GPT 版本，在這一年時間裡，OpenAI 還做了許多事情：開放 ChatGPT API 和 GPT-4 API，讓所有的開發者無需再自行研發類 GPT，而是可以透過 API 來做二次應用；推出 GPT 系列的微調功能，讓企業和個人都可以微調訓練得到一個個性化的專屬 GPT；上線 GPT 商城，不僅壯大了 OpenAI 自己的 AI 生態，還擴張了商業化的路徑；給機器人裝上 GPT 大腦，讓機器人得到了智慧升級；將 GPT 融入可穿戴硬體，成為「AI 時代的新 iPhone」等等。

OpenAI 每一次行動背後，以 GPT 為代表的大模型都朝著人類社會更進一步。一年過去了，GPT 已然征服了許多行業，微軟的 Bing 整合了 GPT-4，帶給人們全新的搜尋體驗；經典的辦公軟體也藉助 GPT 進行了升級；GPT 還成了許多設計師的必備工具；新聞的撰寫與傳播有 GPT 的參與；醫療、金融、法律、教育，幾乎我們能想到的、所經歷的一切，都有了 GPT 的痕跡。

當很多人還沒從 GPT 的震撼中走出來，還在適應 GPT 給我們生活帶來的改變時，OpenAI 又打開了新局面。2024 年初，OpenAI 發布了第一

款文字生影片模型 —— Sora，能夠生成一分鐘的高畫質影片，一推出即引發全球關注。

Sora 標誌著 AI 技術在內容創造領域的一個重要進步。本質上，Sora 其實就是一個「文字生成影片工具」，能根據使用者提供的自然語言指令生成高畫質影片。這意謂著使用者可以透過簡單的文字描述，讓 Sora 創造出幾乎任何場景的影片，從而極大地拓寬了影片內容創作的邊界和可能性。但 Sora 又不只是一個「文字生成影片工具」，它能夠理解使用者的需求，並且還能夠理解這種需求在物理世界中的存在方式。也就是說，Sora 能夠透過學習影片，來理解現實世界的動態變化，並用電腦視覺技術模擬這些變化，從而創造出新的視覺內容。換言之，Sora 學習的不僅僅是影片，也不僅僅是影片裡的畫面、像素點，還在學習影片裡面這個世界的「物理規律」。Sora 最終想做的，是一個通用的「現實物理世界模擬器」，即為真實世界建模。對於 Sora，馬斯克說「人類願賭服輸（gg humans）」，出門問問創始人李志飛感嘆「物理和虛擬世界都被建模和模擬了，到底什麼是現實」？

Sora 讓我們看到，技術的發展或許是有跡可循的，但技術的突破節點卻真的無法預測。誰也沒想到 ChatGPT 才誕生一年，Sora 就這樣橫空出世了，這也讓很多人更加期待 GPT-5 的發布。

技術進化的新紀元已然開啟。從 ChatGPT 到 GPT-4，再到 Sora，人工智慧正跨越機械邏輯的邊界，模擬並延展人類思維維度，從被動響應走向主動理解。人類社會可能真的要變天了 —— 本書正是立基於此，以 ChatGPT 為起點，以 GPT 的進擊為主線，介紹 ChatGPT 的誕生和爆發，以及 ChatGPT 的真正價值，為什麼 ChatGPT 能開啟一個 AI 新時代？ChatGPT 又開啟了一個怎樣的 AI 新紀元？本書還將對 ChatGPT 發布後，

OpenAI 近一年的行動（包括發布 GPT-4、開放 API 和微調功能，上線 GPT 商店等）進行詳細介紹及分析。可以說，現今，OpenAI 已經成為人工智慧領域當之無愧的王者，把同類型的 AI 模型遠遠甩在身後，不僅逐漸形成了一個完善的 AI 應用生態，更打造出了一條自己的 AGI 通用技術路線。對 OpenAI 的行動和計畫有所瞭解，不僅能幫助讀者進一步認識快速更迭的人工智慧技術，還將進一步理解這個充滿變化和不確定的世界。

當然，除了 GPT 系列和 Sora，本書也對 OpenAI 的競爭對手進行了介紹和分析，包括老牌科技巨頭 Google、從元宇宙轉向 AI 的 Meta、四年前從 OpenAI 離職後成立 Anthropic 的 OpenAI 的最強競爭對手。本書同時對 ChatGPT 掀起的百模大戰進行了分析，並對大模型的下一步發展進行了前瞻性的預測。本書文字表達通俗易懂、易於理解、饒富趣味，內容深入淺出、循序漸進，能幫助讀者瞭解突然爆發的 ChatGPT，以及這一年多來的大模型的發展脈絡，並在繁雜的資訊中梳理出認識人工智慧行業變革以及即將到來的通用人工智慧時代的線索。

人工智慧不僅是當今時代的科技標籤，它所引導的科技變革更是在雕刻著這個時代，為此，我們必須有所準備。

目錄

CONTENTS

Chapter **3**

GPT 的無限未來

Chapter **4**

Sora 問世，創造現實

Chapter **5**

Sora 搶了誰的飯碗？

Chapter **6**

百模大戰，勝利者誰？

Chapter **7**

大模型的挑戰與風險

1 進入大模型時代

1.1 | ChatGPT，人工智慧的里程碑

2023 年是屬於 ChatGPT 的一年。作為人工智慧的里程碑，ChatGPT 誕生的意義不亞於蒸汽機的發明，就像人類第一次登陸月球一樣，ChatGPT 不僅僅是人工智慧發展史的一步，更是人類科技進步的一大步。

因為 ChatGPT 的出現，讓人工智慧從之前的人工智障走向了真正類人的人工智慧，也讓人類看到了基於矽基訓練智慧體的這個想像是可行、可以實現的。

▌ 1.1.1 有目共睹的成功

> " ChatGPT 的成功是有目共睹的。 "

從資料表現來看，自 2022 年 11 月 30 日發布以來，ChatGPT 就以其驚豔的表現迅速征服了世界範圍內的廣大使用者，一躍成為人工智慧領域的現象級應用程式。ChatGPT 發布僅僅 5 天，註冊使用者就超過了 100 萬，當年的 Facebook 用了 10 個月才達到這個里程碑。2023 年 1 月，ChatGPT 平均每天約有 1,300 萬獨立訪客，是 2022 年 12 月的兩倍。截至 2023 年 1 月末，ChatGPT 每月活使用者已突破 1 億，成為史上使用者增長速度最快的消費級應用程式。

從使用性能來看，ChatGPT 作為 OpenAI 公司發布的新一代的大語言模型，是自然語言處理（NLP）領域一項絕對引人矚目的進展。與過去的任何一項人工智慧產品都不同，ChatGPT 的聰明出人意料。很多人

形容它是一個真正的「六邊形戰士」—— 不僅能用來聊天、搜尋、翻譯，還能撰寫詩詞、論文和程式碼，甚至還能開發小遊戲、參加美國高考，以及進行科學研究、當醫生等。外媒報導則稱 ChatGPT 會成為科技行業的下一個顛覆者。

ChatGPT「脫胎」於 OpenAI 在 2020 年發布的 GPT-3。事實上，GPT-3 剛問世時，也曾引起相似的轟動。當時，GPT-3 也展示了包括答題、翻譯、寫文章，甚至是數學計算和編寫程式碼等多種能力。由 GPT-3 所寫的文章幾乎達到了以假亂真的地步，在 OpenAI 的測試中，人類評估人員也很難判斷出這篇新聞的真假，檢測準確率僅為 12%。GPT-3 被認為是當時最強的大語言模型，甚至在當時就有網友評價 GPT-3「無所不能」。

但相較於 GPT-3，ChatGPT 則更加強大。ChatGPT 能進行天馬行空的長對話，可以回答問題，還能根據人們的要求撰寫各種書面材料，例如商業計畫書、廣告宣傳材料、詩歌、笑話、電腦程式碼和電影劇本等。簡單來說，就是 ChatGPT 具備了類人的邏輯、思考與溝通的能力，並且它的溝通能力在一些領域表現得相當驚人，堪比專家級的對話。

ChatGPT 還能進行各式各樣的創作。比如，給 ChatGPT 一個主題，它就可以寫小說框架。我們讓 ChatGPT 以「AI 改變世界」為主題寫一個小說框架時，ChatGPT 能夠清晰地給出故事背景、主人公、故事情節和結局。一次沒有寫完，經過提醒後，ChatGPT 還能在「調校」之下繼續回答、補充完整。ChatGPT 還具備了一定的記憶能力，能夠進行連續對話。有使用者體驗之後評價：「ChatGPT 的語言組織能力、文字水準、邏輯能力，可以說已經令人驚豔了」。目前已經有許多使用者把日報、週報、總結反思這些文字工作，都交給了 ChatGPT 來輔助完成。

普通的內容創作還只是最基本的。ChatGPT 還能幫工程師找程式碼 Bug，這也是 2023 年最讓人意料之外的事情，就是 ChatGPT 竟然讓一些工程師丟工作了。很多程式開發公司都在不同程度上引入 ChatGPT 參與程式開發，從初級的程式編寫，到程式的核查等各個環節。一些程式開發者曾在試用中表示，ChatGPT 針對他們的技術問題提供了非常詳細的解決方案，比一些搜尋引擎的結果還要可靠。美國程式碼託管平台 Replit 首席執行官 Amjad Masad 在推特發文稱，ChatGPT 是一個優秀的「除錯夥伴」，「它不僅解釋了錯誤，而且能夠修復錯誤，並解釋修復方法」。

ChatGPT 也勇於質疑不正確的前提和假設，主動拒絕不合理的問題，甚至承認錯誤以及一些無法回答的問題。

憑藉超強的性能，ChatGPT 成為了人工智慧領域的現象級產品，從矽谷科技巨頭到一二級資本市場，所有對其感興趣的人都在討論 ChatGPT 以及 AI 技術未來發展及所帶來的影響。其實 ChatGPT 在上線初期主要在 AI 圈和科技圈火熱。2023 年春節後，熱度持續升溫；2023 年 2 月以後，關於 ChatGPT 的重要訊息明顯增加。人們發現 ChatGPT 可以輕鬆撰寫文案、程式碼，涉及歷史、文化、科技等諸多領域，甚至還能寫詩、求醫問藥、改 bug、編寫程式碼、寫論文、寫歌詞，ChatGPT 甚至通過了 Google 三級工程師面試，年薪 18.3 萬美元，簡直無所不能。網際網路上鋪天蓋地都是關於 ChatGPT 的資訊。

2023 年 2 月 2 日，微軟宣布旗下所有產品將全線整合 ChatGPT，當月，微軟正式宣布推出內建了 ChatGPT 的 Bing Chat，使用者可以用自然語言直接提問，Bing Chat 會給出答案；數位媒體公司 Buzzfeed 計畫使用 OpenAI 的 AI 技術來協助創作個性化內容；美國賓夕法尼亞

大學稱 ChatGPT 能夠通過該校工商管理碩士 MBA 課程的期末考試；OpenAI 宣布開發了一款 AI Text Classifier 鑑別器工具，目的是幫助使用者鑑別內容是否是由 AI 生成。

同時，從資本市場來看，ChatGPT 的火爆也推動了 AI 相關公司股票的增長。回顧 2023 年，其中最引人關注的就屬基礎運算能力供應商輝達，全年累漲近 240%，創上市以來最大年度漲幅；而 Meta 在炒作元宇宙概念失敗之後，快速投入這一輪的人工智慧浪潮，成功挽救了自家股價，全年累漲超過 194%，創上市以來最大年度漲幅。而搭上 ChatGPT 應用的微軟，也再次成為了市場關注的焦點，全年累漲超過 58%，創 1999 年以來最大年度漲幅。

正如比爾・蓋茲所表示的，像 ChatGPT 這樣的人工智慧興起，將會與網際網路的誕生或個人電腦的發展一樣重要。要知道，上一次人工智慧行業這麼熱鬧，還是在 2016 年時 Google 的 AlphaGo 擊敗了世界棋王李世乭。但之前的人工智慧技術獲得突破的關注熱度都沒有達到 ChatGPT 所引發的熱潮，ChatGPT 出現僅兩個月，就已經對人們的生活、生產，以及商業帶來了巨大的衝擊，這種衝擊甚至是不同於元宇宙出現時帶來的概念炒作狂潮，而是一場關於人類社會生產和生活的真正的大變革。

▌ 1.1.2 類人語言邏輯的突破

ChatGPT 之所以引發社會層面的大震動，關鍵就在於這是一次人工智慧技術真正走向智慧化的突破與應用。人工智慧從誕生至今，已經走過了漫長的七十多年。即便在這七十多年裡，人工智慧領域也頻繁地出現技術突破的訊息，但並沒有一項突破能真正地將人工智慧帶進人們的生活。

2016 年，哈薩比斯聯合開發的人工智慧程式 AlphaGo 問世，擊敗了頂尖的人類專業圍棋選手韓國棋手李世乭，凸顯了人工智慧快速擴張的潛力。但隨後幾年的發展大家也是知道的，簡單來說就是不溫不火。因為從根本上來看，智慧演算法在類人語言邏輯層面並沒有真正的突破，可以說，人工智慧依然停留在大數據統計分析層面，超出標準化的問題，人工智慧就不再智慧，而變成了「智障」。

也就是說在 ChatGPT 之前，人工智慧還是停留在屬於自己機器語言邏輯的世界裡，並沒有掌握與理解人類的語言邏輯習慣。

因此，在 ChatGPT 出現之前，市場上的人工智慧在很大程度上還只能做一些資料的統計與分析，包括一些具有規則性的聽讀寫工作，所擅長的工作就是將事物按不同的類別進行分類，與理解真實世界的能力之間還不具備邏輯性、思考性。因為人體的神經控制系統是一個非常奇妙系統，是人類幾萬年訓練下來所形成的，可以說，在 ChatGPT 這種生成式語言大模型出現之前，我們所有的人工智慧技術，從本質上來說還不是智慧，只是基於深度學習與視覺識別的一些大數據檢索而已。但 ChatGPT 卻為人工智慧應用和發展打開了新的想像空間。

作為一種大型預訓練語言模型，ChatGPT 的出現標誌著自然語言處理技術邁上了新台階，標誌著人工智慧的理解能力、語言組織能力、持續學習能力更強，也標誌著 AIGC 在語言領域取得了新進展，生成內容的範圍、有效性、準確度大幅提升。

ChatGPT 整合了人類回饋強化學習和人工監督微調，因此，具備了對上下文的理解和連貫性。在對話中，它可以主動記憶先前的對話內容，即上下文理解，從而更好地回應假設性的問題，實現連貫對話，提升我們和機器互動的體驗。簡單來說，就是 ChatGPT 具備了類人語言

邏輯的能力，這種特性讓 ChatGPT 能夠在各種場景中發揮作用 —— 這也是 ChatGPT 為人工智慧領域帶來的最核心的進化。

那麼，為什麼說具備類人的語言邏輯能力，擁有對話理解能力是 GPT 為人工智慧帶來的最核心，也最重要的進化？因為語言理解不僅能讓人工智慧幫助我們完成日常的任務，而且還能幫助人類去直面科研的挑戰，比如對大量的科學文獻進行提煉和總，以人類的語言方式，憑藉其強大的資料庫與人類展開溝通交流。並且基於人類視角的語言溝通方式，就可以讓人類接納與認可機器的類人智慧化能力。

尤其是人類進入到了如今的大數據時代，在一個科技大爆炸時代，無論是誰，僅憑自己的力量，都不可能緊跟科學界的發展速度。如今在地球上一天產生的資訊量，就等同於人類有文明記載以來至 21 世紀的所有知識總量，我們人類在這個資訊大爆炸時代，已經無法憑著白身的大腦來應對、處理、消化大量資料，人類急需一種新的解決方案。

比如，在醫學領域，每天都有數千篇論文發表。哪怕是在自己的專科領域內，目前也沒有哪位醫生或研究人員能將這些論文都讀遍。但是如果不閱讀這些論文，不閱讀這些最新的研究成果，醫生就無法將最新理論應用於實踐，就會導致臨床所使用的治療方法陳舊。在臨床中，一些新的治療方式無法得到應用，正是因為醫生沒時間去閱讀相關內容，因此不知道有新方式的存在。如果有一個能對大量醫學文獻進行自動合成的人工智慧，就會掀起一場真正的革命。

ChatGPT 就是以人類想像中的智慧模樣出現了，它就像是人類想像中的這樣一種解決方案。可以說，ChatGPT 之所以被認為具有顛覆性，其中最核心的原因就在於它具備了理解人類語言的能力，這在過去是無法想像的，我們幾乎想像不到有一天基於矽基的智慧能夠真正被訓練成

功，不僅能夠理解我們人類的語言，還能以我們人類的語言表達方式與人類展開交流。

1.2 ChatGPT 的成功是大模型的勝利

ChatGPT 文能寫詩，武能編碼，上知天文，下知地理，在多個方面的能力都遠遠超過了人們的預期。聰明又強大的背後，離不開技術的支撐，那麼 ChatGPT 究竟是如何煉成的？它的各項強大的能力從何而來？支撐 ChatGPT 的技術，與過往相比，又有什麼特殊之處？

■ 1.2.1 ChatGPT 是如何煉成的？

強悍的功能背後，技術並不神祕。本質上，ChatGPT 是一個出色的 NLP 新模型。現今，當大多數人聽到自然語言處理（NLP）時，首先想到的可能就是 Alexa 和 Siri 這樣的語音助手。因為 NLP 基礎功能就是讓機器理解人類的輸入，但這只是這項技術的冰山一角。NLP 技術是人工智慧（AI）和機器學習（ML）的子集，專注於讓電腦處理和理解人類語言。雖然語音是語言處理的一部分，但自然語言處理更重要的進步還在於它對書面文字的分析能力。

ChatGPT 就是一種基於 **Transformer** 模型的預訓練語言模型。它透過在巨大的文字語料庫上進行訓練，學習了自然語言的知識和語法規則。在被人們詢問時，它透過對詢問的分析和理解生成回答。Transformer 模型提供了一種平行計算的方法，使得 ChatGPT 能夠快速生成回答。

　　那麼 Transformer 模型又是什麼呢？這就需要回到 NLP 技術發展歷程來看，在 Transformer 模型出現以前，自然語言處理領域主流模型是**循環神經網路（RNN）**，再加入**注意力機制（Attention）**。

　　RNN 的優點是能更好地處理有先後順序的資料，比如語言。而注意力機制就是將人的感知方式、注意力的行為應用在機器上，讓機器學會去感知資料中的重要和不重要的部分。比如，當我們要讓 AI 識別一張動物圖片時，最重要該關注的地方就是圖片中動物的面部特徵，包括耳朵，眼睛，鼻子，嘴巴，而不用太關注背景的一些資訊，注意力機制核心的目的就在於希望機器能在很多的資訊中注意到對目前任務更關鍵的資訊，而對於其他的非關鍵資訊就不需要太多的注意力側重。可以說，注意力機制讓 AI 擁有了理解的能力。

　　但 RNN + Attention 模型會讓整個模型的處理速度變得非常慢，因為 RNN 是一個詞一個詞處理的，並且在處理較長序列（例如長篇文章、書籍）時，存在模型不穩定或者模型過早停止有效訓練的問題。

　　於是，2017 年，Google 大腦團隊在神經資訊處理系統大會發表了一篇名為〈Attention is all you need〉（自我注意力是你所需要的全部）的論文。簡單來說，這篇論文的核心就是不要 RNN，而要 Attention。研究人員在文中首次提出了基於自我注意力機制（Self-Attention）的變換器（Transformer）模型，並首次將其用於自然語言處理。相較於此前的 RNN 模型，2017 年提出的 Transformer 模型，能夠同時並行進行資料計算和模型訓練，訓練時長更短，並且訓練得出的模型可以用語法解釋，也就是模型具有可解釋性。

　　這個最初的 Transformer 模型，一共有 6,500 萬個可調參數。Google 大腦團隊使用了多種公開的語言資料集來訓練這個最初的 Transformer

模型。這些資料集包括 2014 年英語 - 德語機器翻譯研討班（WMT）資料集（有 450 萬組英德對應句子），2014 年英語 - 法語機器翻譯研討班資料集（3,600 萬英法對應句子），以及賓夕法尼亞大學樹庫語言資料集中的部分句子（分別取了來自《華爾街日報》的 4 萬個句子，以及另外在該庫中選取 1,700 萬個句子）。而且，Google 大腦團隊在文中提供了模型的架構，任何人都可以用其搭建類似架構的模型，並結合自己手上的資料進行訓練。

經過訓練後，這個最初的 Transformer 模型在包括翻譯準確度、英語成分句法分析等各項評分上都達到了業內第一，成為當時最先進的大型語言模型。ChatGPT 也使用了 Transformer 模型的技術和思想，並在其基礎上進行了擴展和改進，以更好地適用於語言生成任務。

▋ 1.2.2　大模型技術路線的勝利

> 正是基於 Transformer 模型，ChatGPT 才有了如今的成功，而 ChatGPT 的成功，也是大模型技術路線的勝利。

因為沒有 RNN 而只有 Attention，Transformer 模型不再是一個詞一個詞地處理，而是一個序列一個序列地處理，可以平行計算，所以計算速度大幅加快，一下子讓訓練大模型、超大模型、巨大模型、超巨大模型成為了可能。

於是，OpenAI 在一年之內開發出了第一代 GPT，第一代 GPT 在當時已經是前所未有的巨大語言模型，具有 1.17 億個參數。而 GPT 的目標只有一個，就是預測下一個單字。如果說過去的 AI 是遮蓋掉句子中的一個詞，讓 AI 根據上下文「猜出」中間那一個詞，進行克漏字填

空，那麼 GPT 要做的，就是要「猜出」後面一堆的詞，甚至形成一篇通順的文章。

事實證明，基於 Transformer 模型和龐大的資料集，GPT 做到了。開發者們使用了經典的大型書籍文字資料集進行模型預訓練。該資料集包含超過 7,000 本從未出版的書，涵蓋冒險、奇幻、言情等類別。在預訓練之後，開發者們針對四種不同的語言場景、使用不同的特定資料集對模型進行進一步的訓練。最終訓練所得的模型在問答、文字相似性評估、語意蘊含判定、以及文字分類這四種語言場景，都取得了比基礎Transformer 模型更優的結果，成為新的業內第一。

2019 年，OpenAI 公布了一個具有 15 億個參數的模型 —— GPT-2。GPT-2 模型架構與 GPT-1 原理相同，主要區別是 GPT-2 的規模更大。不出意料，GPT-2 模型刷新了大型語言模型在多項語言場景的評分記錄。

而 GPT-3 的整個神經網路更是達到了驚人的 1,750 億個參數。除了規模大了整整兩個數量級以外，GPT-3 模型架構與 GPT-2 沒有本質區別。不過，就是在如此龐大的資料訓練下，GPT-3 模型已經可以根據簡單的提示自動生成完整、文從字順的長篇文章，讓人幾乎不能相信這是機器的作品。GPT-3 還會寫程式碼、創作菜譜等幾乎所有的文字創作類的任務。

特別值得一提的是，在第一代 GPT 誕生的同期，還有另一種更火的語言模型，就是 **BERT**。BERT 是 Google 基於 Transformer 推出的語言模型，BERT 是一種雙向的語言模型，透過預測遮罩子詞 —— 先將句子中的部分子詞遮罩，再讓模型去預測被遮罩的子詞 —— 進行訓練，這種訓練方式在語句級的語意分析中取得了極好的效果。BERT

模型還使用了一種特別的訓練方式 —— 先預訓練，再微調，這種方式可以使一個模型適用於多個應用場景。這使得 BERT 模型刷新了 11 項 NLP 任務處理的記錄。在當時，BERT 直接改變了自然語言理解（NLU）這個領域，引起了多數 AI 研究者的跟隨。

面對 BERT 的爆紅，GPT 的開發者們依然選擇了堅持做生成式模型，而不是去做理解。於是就有了後來大火的 GPT-3 和現今可以幫我們寫論文，寫程式碼，進行多輪對話，能完成各式各樣只要是以文字為輸出載體的任務的神奇的 ChatGPT。

從 GPT-1 到 GPT-3，OpenAI 做了兩年多時間，並且用盡一切辦法，證明了大模型的可行性，參數從 1.17 億飆升至 1,750 億，也似乎證明了參數越多大，人工智慧的能力越強。也因此，在 GPT-3 成功後，包括 Google 在內競相追逐做大模型，參數高達驚人的萬億、甚至 10 萬億規模，掀起了一場參數競賽。

但這個時候，反而是 GPT 系列的開發者們冷靜了下來，沒有再推高參數，而是又用了近兩年時間，花費重金，用人工標註大量資料，將人類回饋和強化學習引入大模型，讓 GPT 系列能夠按照人類價值觀優化資料和參數。

這也讓我們看到一點，那就是 ChatGPT 的突破可以說是偶然，同時也是必然。偶然就在於 ChatGPT 的研發團隊自己也沒有料到他們所研究的技術方向，在經歷過多次的參數調整與優化之後，就達到了類人的語言邏輯能力。因此這種偶然性就如同技術的奇點與臨界點被突破一樣。必然則在於 ChatGPT 背後的團隊在自己所選擇的人工智慧方向上，在基於 NLP 神經網路的技術方向上持續的深入優化，每一次的參數優化都是以幾何級數的方式在進化。這種量變的累積就必然會帶來質變的飛躍，並且獲得了奇點般的技術突破。

可以說，有著通用人工智慧雛形的 ChatGPT，所獲得的成功更是一種工程上的成功，ChatGPT 證明了大模型路線的勝利，在 ChatGPT 之後誕生的性能更強悍的 GPT-4、能夠直接文生影片的 Sora 都延續了大模型的技術路線 —— 讓人工智慧終於完成了從 0 到 1 的突破，從而走向真正的通用人工智慧時代。

1.3 │ 通用人工智慧之門，已經打開

相較於過去任何一項在人工智慧（AI）領域的技術突破，ChatGPT 最大的不同就在於它是人類真正期待的那種人工智慧的樣子，就是具備類人溝通能力，並且藉助於大數據的資訊整合成為人類強大的助手。可以說，ChatGPT 也是一個新的起點，它為通用 AI 打開了一扇大門。

▌1.3.1 狹義 AI、通用 AI 和超級 AI

> **說明** 基於 AI 能力的不同，AI 大致可以分為三類，分別是：狹義 AI（ANI）、通用 AI（AGI）和超級 AI（ASI）。

到目前為止，我們所接觸的 AI 產品大都還是狹義 AI。簡單來說，狹義 AI 就是一種被程式設計來執行單一任務的人工智慧 —— 無論是檢查天氣、下棋，還是分析原始資料以撰寫新聞報導。狹義 AI 也就是所謂的弱人工智慧。值得一提的是，雖然有的人工智慧能夠在國際象棋中擊敗世界象棋冠軍，比如 AlphaGo，但這是它唯一能做的事情，要求 AlphaGo 找出在硬碟上儲存資料的更好方法，它就會茫然地看著你。

我們的手機的就是一個小 ANI 工廠。當我們使用地圖應用程式導航、查看天氣、與 Siri 交談或進行許多其他日常活動時，我們都是在使用 ANI。

我們常用的電子郵件垃圾郵件篩檢程式是一種經典類型的 ANI，它擁有載入關於如何判斷什麼是垃圾郵件、什麼不是垃圾郵件的智慧，然後可以隨著我們的特定偏好獲得經驗，幫我們過濾掉垃圾郵件。

網購背後，也有 ANI 的工作。比如，當你在電商網站上搜尋產品，然後你卻在另一個網站上看到它是「為你推薦」的產品時，你會覺得毛骨悚然，而這背後其實就是一個 ANI 系統網路，它們共同工作，相互告知你是誰，你喜歡什麼，然後使用這些資訊來決定向你展示什麼。一些電商平台常常在主頁顯示「買了這個的人也買了……」，這也是一個 ANI 系統，它從數百萬顧客的行為中收集資訊，並綜合這些資訊，巧妙地向你推銷，這樣你就會買更多的東西。

狹義 AI 就像是電腦發展的初期，人們最早設計電子電腦是為了代替人類計算者完成特定的任務。不過，艾倫・圖靈等數學家則認為，我們應該製造通用電腦，我們可以對其程式設計，從而完成所有任務。於是，在曾經的一段過渡時期，人們製造了各式各樣的電腦，包括為特定任務設計的電腦、模擬電腦、只能透過改變線路來改變用途的電腦，還有一些使用十進位而非二進位工作的電腦。現在，幾乎所有的電腦都滿足圖靈設想的通用形式，我們稱其為「通用圖靈機」。只要使用正確的軟體，現在的電腦幾乎可以執行任何任務。

市場的力量決定了通用電腦才是正確的發展方向。如今，即便使用客製化的解決方案，比如專用晶片，可以更快、更節能地完成特定任務，但更多時候，人們還是更喜歡使用低成本、便捷的通用電腦。

　　這也是現今 AI 即將出現的類似的轉變 —— 人們希望通用 AI 能夠出現，它們與人類更類似，能夠對幾乎所有東西進行學習，並且可以執行多項任務。

　　與狹義 AI 只能執行單一任務不同，通用 AI 是指在不特別編碼知識與應用區域的情況下，應對多種甚至泛化問題的人工智慧技術。雖然從直覺上看，狹義 AI 與通用 AI 是同一類東西，只是一種不太成熟和複雜的實現，但事實並非如此。通用 AI 將擁有在事務中推理、計畫、解決問題、抽象思考、理解複雜思想、快速學習和從經驗中學習的能力，能夠像人類一樣輕鬆地完成所有這些事情。

　　當然，通用 AI 並非全知全能。與任何其他智慧存在一樣，根據它所要解決的問題，它需要學習不同的知識內容。比如，負責尋找致癌基因的 AI 演算法不需要識別面部的能力；而當同一個演算法被要求在一大群人中找出十幾張臉時，它則不需要瞭解任何有關基因的知識。通用人工智慧的實現僅僅意謂著單個演算法可以做多件事情，而並不意謂著它可以同時做所有的事情。

　　但通用 AI 又與超級 AI 不同。超級 AI 不僅要具備人類的某些能力，還要有知覺，有自我意識，可以獨立思考並解決問題。雖然兩個概念看起來都對應著人工智慧解決問題的能力，但通用 AI 更像是無所不能的電腦，而超級 AI 則超越了技術的屬性成為類似穿著鋼鐵俠戰甲的人類。牛津大學哲學家和領先的人工智慧思想家 Nick Bostrom 就將超級 AI 定義為「一種幾乎在所有領域都比最優秀的人類更聰明的智慧，包括科學創造力、一般智慧和社交技能。」

■ 1.3.2　ChatGPT 的通用性

自人工智慧誕生以來，科學家們就在努力實現通用 AI。而實現通用 AI 具體可以分為兩條路徑。

第一條路就是讓電腦在某些具體任務上超過人類，比如下圍棋、檢測醫學圖像中的癌細胞。如果能夠讓電腦在執行一些困難任務時的表現超過人類，那麼人們最終就有可能讓 AI 在所有任務中都比人類強。透過這種方式來實現通用 AI，AI 系統的工作原理以及電腦是否靈活就無關緊要了。

唯一重要的是，這樣的人工智慧在執行特定任務時達到最強，並最終超越人類。如果最強的電腦圍棋棋手在世界上僅僅位列第二名，那麼它也不會登上媒體頭條，它甚至可能會被視為失敗者。但是，擊敗世界上頂尖的人類棋手就會被視為一個重要的進步。

第二條路是重點關注 AI 的靈活性。透過這種方式，人工智慧就不必具備比人類更強的性能。科學家的目標就變成了創造可以做各種事情並且可以將從某個任務中學到的東西應用於另一個任務的機器。

之所以說 ChatGPT 打開了通用 AI 的大門，正是因為 ChatGPT 具備了前所未有的靈活性。雖然 ChatGPT 的定位是一款聊天機器人，但不同於過去那些智慧語音助手的傻瓜回答，除了聊天之外，ChatGPT 還可以用來創作故事、撰寫新聞、回答客觀問題、聊天、寫程式碼和搜尋程式碼問題等。

事實上，按照是否能夠執行多項任務的標準來看，ChatGPT 已經具備了通用 AI 的特性 —— ChatGPT 被訓練來回答各種類型的問題，並且能夠適用於多種應用場景，可以同時完成多個任務。我們只要用日常的

自然語言向它提問，不管是什麼問題和要求，它就可以完成從理解到生成的各種跟語言相關的任務。除了一般的聊天交談、回答問題、介紹知識外，ChatGPT 還能夠撰寫郵件、文案、影片腳本、文章摘要、程式碼和進行翻譯等等。並且，其性能在開放領域已經達到了不輸於人類的水準，在很多工上甚至超過了針對特定任務單獨設計的模型。這意謂著它可以更像一個通用的任務助理，能夠和不同行業結合，衍生出很多應用的場景。

可以說，ChatGPT 已經不是傳統意義上的聊天機器人，而是呈現出以自然語言為對話模式的通用 AI 的雛形，是走向通用 AI 的第一塊可靠的基石。而在 ChatGPT 之後相繼誕生的更強大的 GPT 版本和具有極強的多模態能力的 Sora，更是通往通用 AI 時代的重要突破。

不僅如此，OpenAI 還開放了 ChatGPT API 和微調功能，就像電腦的作業系統一樣，Windows 作業系統和 iOS 作業系統是目前兩種主流的移動作業系統，而 ChatGPT API 和微調功能的開放，也為 AI 應用提供了技術底座。也就是說開發者們還可以在這個技術平台上建構符合自己要求的各種應用系統，使之成為更加稱職的辦公助手、智慧客服、外語翻譯員、家庭醫生、文案寫手、程式設計顧問、置業顧問、私人律師、面試考官、旅遊嚮導、創意作家、財經分析師等等 —— 這也為通用人工智慧 AI 的誕生以及由此對有關產業格局的重塑、新的服務模式和商業價值的創造，開拓了無限的想像空間。

Note

2

進擊的 ChatGPT

2.1 | ChatGPT 的進階之路

ChatGPT 只是通用 AI 時代的一個起點，顯然，ChatGPT 的開發者們不會止步於此 —— ChatGPT 爆紅後，所有人都在討論人工智慧下一步會往哪個方向發展。人們並沒有等太久，在 ChatGPT 發布三個月後，OpenAI 正式推出新品 GPT-4，再次點燃了人們對人工智慧的想像力。

2.1.1 更強大的 GPT 版本

> 實際上，在大多數人都驚嘆於 ChatGPT 強悍的能力時，卻少有人知道，ChatGPT 其實只是 OpenAI 公司匆忙推出的測試品。

據美國媒體報導，2022 年 11 月中旬，OpenAI 員工被要求快速上線一款聊天機器人。一位高層主管表示，該聊天機器人將被稱為「Chat with GPT-3.5」，兩周後將免費向大眾開放，而這與原先安排不符。近兩年，OpenAI 一直在開發名為「GPT-4」這個更強大的語言模型，並計畫於 2023 年發布。2022 年，GPT-4 都在進行內部測試和微調以做好上線前的準備。但 OpenAI 的高層改變了主意。

由於擔心競爭對手可能會在 GPT-4 之前搶先發布自己的 AI 聊天機器人而超越他們，因此 OpenAI 拿出了 2020 年推出的舊語言模型 GPT-3 的強化版本 GPT-3.5，並在此基礎上進行了微調，這才有了聊天機器人 ChatGPT 誕生。

必須承認的是，雖然 ChatGPT 已經讓我們窺見了通用 AI 的雛形，但 ChatGPT 依然面對許多客觀的問題，在一些專業的領域，ChatGPT 還存在著一些低級錯誤的現象。當然，這種情況是必然存在的，畢竟 ChatGPT 開放給大眾的時間比較短，接受訓練的領域與知識庫也還相對有限，尤其是在數學、物理、醫學等需要公式與運算的領域。

於是在 ChatGPT 發布的三個月後，2023 年 3 月 15 日，OpenAI 正式推出了 GPT-4。與 ChatGPT 的匆忙發布不同，GPT-4 是有所準備的結果。根據內部的訊息，GPT-4 早在 2022 年 8 月就訓練完成了。之所以 2023 年 3 月 —— 時隔近半年 —— 才上市，是 OpenAI 需要花 6 個月時間，讓它變得更安全。而圖像識別、進階推理、龐大的單字掌握能力，是 GPT-4 的三大特點。

就圖像識別功能來說，GPT-4 可以分析圖像並提供相關資訊，例如它可以根據食材照片來推薦食譜，為圖片生成圖像描述和圖說等。

就進階推理功能來說，GPT-4 能夠針對 3 個人的不同情況做出一個會議的時間安排，回答存在上下文關聯性的複雜問題。或者，假設你問圖片裡的繩子剪斷會發生什麼，它會回答：氣球會飛走。GPT-4 甚至可以講出一些拙劣、模式化的冷笑話，雖然並不好笑，但至少它已經開始理解「幽默」這一人類特質。要知道，AI 的推理能力，正是 AI 向人類思維慢慢進化的標誌。

就詞彙量來說，GPT-4 能夠處理 2.5 萬個單字，GPT-4 在單字處理能力上是 ChatGPT 的八倍，並可以用所有流行的程式設計語言來寫程式。

其實，在一般的對話中，ChatGPT 和 GPT-4 之間的區別是很小的。但是當任務的複雜性達到足夠的閾值時，差異就出現了，GPT-4 比 ChatGPT 更可靠、更有創意，並且能夠處理更細微的指令。

並且，GPT-4 還能以高分通過各種標準化考試：GPT-4 在模擬律師考試中的成績超過 90% 的人類考生，在俗稱「美國高考」的 SA 閱讀考試中超過 93% 的人類考生，在 SAT 數學考試中超過 89% 的人類考生。

而同樣面對律師資格考試，ChatGPT 背後的 GPT-3.5 排名在倒數 10% 左右，而 GPT-4 考到了前 10% 左右。在 OpenAI 的示範中，GPT-4 還生成了關於複雜稅務查詢的答案，儘管無法驗證其答案。在美國，每個州的律師考試都不一樣，但一般都包括選擇題和作文這兩部分，內容涵蓋了合約、刑法、家庭法等知識。GPT-4 參加的律師考試，對於人類來說既艱苦又漫長，而 GPT-4 卻能在專業律師考試中脫穎而出。

這還沒結束，2023 年 11 月 7 日，在 OpenAI 首屆開發者大會上，山姆・奧特曼還宣布了 GPT-4 的一次大升級，推出了 GPT-4 Turbo，GPT4-Turbo 的「更強大」體現在它的六大升級上。包括上下文長度提升，模型控制，更好的知識，新的多模態能力，模型自訂能力及更低的價格，更高的使用上限。

對於一般使用者體驗來講，上下文長度的增加，更好的知識和新的多模態能力是最核心的體驗改善。特別是上下文長度升級，這在過往是 GPT-4 的一個軟肋。它會決定與模型對話過程中能接收和記住的文字長度。如果上下文長度限制較小，面對比較長的文字或長期的對話，模型就會經常「忘記」最近對話的內容，並開始偏離主題。GPT4 基礎版本僅提供了 8k Token（字元）的上下文記憶能力，即便是 OpenAI 提供的 GPT-4 擴充版本也僅僅能達到 32k Token，相比於主要競品 Anthropic 旗下 Claude 2 提供 100k Token 的能力差距明顯。這使得 GPT4 在做文章總結等需要長文字輸入的操作時常常力不從心。而此次，GPT-4 Turbo 直接將上下文長度提升至 128k，是 GPT-4 擴充版本的

4 倍，一舉超過了競爭對手 Anthropic 的 100k 上下文長度。128k 的上下文大概是什麼概念？大概約等於 300 頁標準大小的書所涵蓋的文字量。除了能夠容納更長上下文外，奧特曼還表示，新模型還能夠在更長的上下文中，保持更連貫和準確。

就模型控制而言，GPT4-Turbo 為開發者提供了幾項更強的控制手段，以更好地進行 API 和函式呼叫。具體來看，新模型提供了一個 JSON Mode，可以保證模型以特定 JSON 方式提供回答，呼叫 API 時也更加方便。另外，新模型還允許同時呼叫多個函數，同時引入了 seed parameter，在需要的時候，可以確保模型能夠回傳固定輸出。

從知識更新來看，GPT4-Turbo 把知識庫更新到了 2023 年 4 月，不再讓我們停留在 2 年前的過去了。最初版本的 GPT-4 的網路即時資訊呼叫只能到 2021 年 9 月。雖然隨著後續外掛程式的開放，GPT4 也可以獲得最新發生的事件知識。但相較於融合在模型訓練裡的知識而言，這類附加資訊因為呼叫外掛程式耗時久，缺乏內生相關知識的原因，效果並不理想。而現在，我們已經可以從 GPT-4 上獲得截止到 2023 年 4 月前的新資訊 .

GPT4-Turbo 還具備了更強的多模態能力，新模型支援了 OpenAI 的視覺模型 DALL-E 3，還支援了新的文字到語音模型 —— 開發者可以從六種預設聲音中選擇所需的聲音。現在，GPT-4 Turbo 可以以圖生圖了。同時，在圖像問題上，OpenAI 推出了防止濫用的安全系統。OpenAI 還表示，它將為所有客戶提供牽涉到的版權問題的法律費用。在語音系統中，OpenAI 表示，目前的語音模型遠超市場上的同類，並宣布了開源語音辨識模型 Whisper V3。

GPT4-Turbo 還有一個重要的升級就是大降價。OpenAI 表示，GPT-4 Turbo 對開發人員來說執行成本更低。與 GPT-4 上的 0.03 美元相比，每 1000 個 Token（LLM 讀取的基本文字或程式碼單位）的輸入成本僅為 0.01 美元。每個輸出成本為每 1000 個權杖 0.03 美元。總體而言，新版 GPT-4-Tubo 比原始版本便宜 2.75 倍。而開放給 API 的 Token 輸送量也提升了一整倍。

▍2.1.2　ChatGPT 和 GPT-4 有什麼不同？

除了具有優於 ChatGPT 的性能，GPT-4 和 ChatGPT 還有什麼不同？

OpenAI 聲稱，他們花費了六個月的時間，來讓 GPT-4 比上一代更安全。該公司透過改進監控框架，並與醫學、地緣政治等敏感領域的專家進行合作，以確保 GPT-4 所給答案的準確性和安全性。GPT-4 的參數量更多，這意謂著它將比上一版更接近人類的認知表現。

根據 OpenAI 官網描述，相較於 ChatGPT，GPT-4 最大的進化在於：「多模態」和長內容生成。其中的關鍵，就是多模態這個詞，顧名思義，就是不同類型資料的融合。使用過 ChatGPT 的人們會發現，它的輸入類型是純文字，輸出則是語言文字和程式碼。而 GPT-4 的多模態，意謂著使用者可以輸入不同類型的資訊，例如影片、聲音、圖像和文字。同樣的，具備多模態能力的 GPT-4 可以根據使用者提供的資訊，來生成影片、音訊、圖片和文字。哪怕同時將文字和圖片發給 GPT-4，它也能根據這兩種不同類型的資訊生出文字。

這些功能的測試與完善，都在為文生影片功能做準備，也就是在為 Sora 的推出做準備。因此，Sora 的出現並不是一夜之間的橫空出世，而是大量默默無聞的冷板凳。

GPT-4 模型的另一大重點是建立了一個可預測擴展的深度學習棧。因為對於像 GPT-4 這樣的大型訓練，進行廣泛的特定模型調整是不可行的。因此，OpenAI 團隊開發了基礎設施和優化，在多種規模下都有可預測的行為。為了驗證這種可擴展性，研究人員提前準確地預測了 GPT-4 在內部程式碼庫上的最終損失，方法是透過使用相同的方法訓練的模型進行推斷，但使用的計算量為 1/10000。

儘管 GPT-4 功能已經更加強大，但 GPT-4 與早期的 GPT 模型具有相似的侷限性：它仍然不是完全可靠的，存在事實性「幻覺」並出現推理錯誤。在使用語言模型輸出時應格外小心，特別是在高風險上下文中，使用符合特定用例需求的確切協定 。不過，GPT-4 相對於以前的模型顯著減少了幻覺。對於不被允許的內容請求，GPT-4 的回應可能性降低了 82%。在 OpenAI 的內部對抗性真實性評估中，GPT-4 得分比 GPT-3.5 高 40%。

在 OpenAI 推出 GPT-4 之後，其合作夥伴兼投資股東微軟也立馬有所回應。微軟表示：「新的 Bing 正在 GPT-4 上執行，這是我們為搜尋客製的。」顯然，隨著 OpenAI 對 GPT-4 以及更高版本進行更新，Bing 也從這些改進中受益。

另外，OpenAI 還宣布與語言學習應用程式 Duolingo、以及專為視障人士設計的應用程式 Be My Eyes 的背後公司建立合作，以便為殘障人士提供支援。美國非營利教育機構可汗學院，將使用 GPT-4 為學生建立人工智慧導師；冰島政府將用其幫助維護冰島本土語言。

再進一步來看，在具體應用上，GPT-4 的進階推理技能，可以為使用者提供更準確、更詳細的回答；鑑於 GPT-4 具備更強大的語言能力和圖像識別能力，因此可以簡化市場行銷、新聞和社交媒體內容的建立

過程；在教育領域，GPT-4 可以透過生成內容、以及以類似人類的方式來回答問題，因此能在一定程度上幫助學生和教育工作者。

▋ 2.1.3　GPT-4 的發布意謂著什麼？

前面我們已經提到，ChatGPT 和過去的 AI 最大的不同，就在於 ChatGPT 已經具備了類人的語言能力、學習能力和通用 AI 的特性。

尤其是當 ChatGPT 開放給大眾使用時，數以億計的人湧入與 ChatGPT 進行互動中，ChatGPT 將獲得龐大又寶貴的資料，於是，ChatGPT 憑藉著比人類更為強大的學習能力，其學習與進化速度正在超越我們的想像。基於此，開放埠給專業領域的組織合作，以 ChatGPT 的學習能力，再結合參數與模型的優化，將很快在一些專業領域成為專家級水準。

就像我們人類的思考和學習一樣，比如，我們能夠透過閱讀一本書來產生新穎的想法和見解，人類發展到現今，已經從世界上吸收了大量資料，這些資料以不可估量、無數的方式改變了我們大腦中的神經連接。人工智慧研究的大型語言模型也能夠做類似的事情，並有效地引導它們自己的智慧。

而 GPT-4 其實就是 ChatGPT 進一步訓練和優化的更強大版本。作為 ChatGPT 的升級版本，GPT-4 代表著人工智慧技術的不斷進步和演進。

一方面，當更強大的 GPT-4 甚至 GPT-4 的再下一代的推出，再結合 OpenAI 將其技術打造成通用的底層 AI 技術開放給各行各業使用之後，GPT 就能快速的掌握人類各個專業領域的專業知識。並進一步加速人工智慧在各個領域的應用和發展。由於 GPT-4 所具備的更強大的

學習能力和適應性，GPT-4 能夠更快地掌握各種專業知識，並為不同行業提供更加個性化和專業化的服務。

比如，在醫療領域，GPT-4 的應用將為醫生提供更為個性化和專業化的服務。由於其能夠更快地掌握各種專業知識，GPT-4 可以幫助醫生進行診斷和治療方案制定。透過分析患者的病歷資料和臨床資料，GPT-4 可以輔助醫生做出更準確的診斷，並根據患者的特殊情況提供個性化的治療建議。這將大幅提高醫療服務的品質和效率，為患者提供更好的醫療保障。

在金融領域，GPT-4 的應用也將為投資者提供更為準確和可靠的投資建議。透過分析市場資料和經濟趨勢，GPT-4 可以預測股市的走勢，並為投資者提供投資組合的優化建議。此外，GPT-4 還可以幫助金融機構進行風險管理和資產配置，提高資金利用效率，降低投資風險。金融公司摩根士丹利，已經使用 GPT-4 來管理、搜尋和組織其龐大的內容庫。

另一方面，藉助各種國際科研期刊和科研資料，GPT-4 可以為科學家的科研提供更深入和全面的支援。透過分析尖端研究成果和趨勢，GPT-4 可以為科學家提供更準確和即時的分析、建議和模型。此外，結合著文生影片的功能，也就是 Sora 的數位孿生級影片功能，GPT 就可以進行非常直觀的模擬科研的推演，幫助科學家預測實驗結果和發現新的研究方向。這將大幅提高科學研究的效率和成果，推動科學的發展和進步。

如今，人類正向著通用 AI 時代大步前進，GPT-4 不僅是 ChatGPT 的進化和升級，更是人工智慧技術的一個重要節點，代表著我們邁向更廣闊、更智慧的未來的關鍵一步。

2.2 GPT-5 呼之欲出

　　科技正在以前所未有的速度發展著 —— 許多人還沒有從 ChatGPT 和 GPT-4 的震撼中緩過來時，GPT-5 的訊息又隨之而來，並被人們寄予極大的期待。

2.2.1 GPT-5 何時發布？

　　自從 GPT-4 發布後，關於下一代更先進的 GPT 模型，OpenAI 聯合創始人兼首席執行官山姆・奧特曼（Sam Altman）對外一直都閉口不言。2023 年 6 月，奧特曼曾表示，GPT-5 距離準備好訓練還有很長的路要走，還有很多工作要做。他補充道，OpenAI 正在研究新的想法，但他們還沒有準備好開始研究 GPT-5。就連微軟創始人比爾蓋茨預計，GPT-5 不會比 GPT-4 提供重大的性能改進。

　　然而，到了 9 月，DeepMind 聯合創始人、現 Inflection AI 的 CEO Mustafa Suleyman，在接受採訪時卻放出一枚重磅炸彈 —— 據他猜測，OpenAI 正在祕密訓練 GPT-5。Suleyman 認為，奧特曼說過他們沒有訓練 GPT-5，可能沒有說實話。同月，外媒 The Information 爆料，一款名為 Gobi 的全新多模態大模型正在緊鑼密鼓地籌備中。跟 GPT-4 不同，Gobi 從一開始就是按照多模態模型建構。這樣看來，Gobi 模型不管是不是 GPT-5，但從多方洩露的資訊來看，它都是 OpenAI 團隊正在著手研究的項目之一。

　　11 月，在 X（推特）上，Roemmele 再爆猛料，OpenAI Gobi，也就是 GPT-5 多模態模型將在 2024 年年初震撼發布。

根據 Roemmele 的說法，目前 Gobi 正在一個龐大的資料集上進行訓練。不僅支援文字、圖像，還將支援影片。有網友在這則推文下評論，「OpenAI 內部員工稱下一代模型已經實現了真的 AGI，你聽說過這件事嗎？」Roemmele 稱，「GPT-5 已經會自我糾正，並且具有一定程度的自我意識。我認識的熟人已經看過它的演示，目前，7 個政府機構正在測試最新模型。」

12 月底，奧特曼在社交平台公布了 OpenAI 在 2024 年要實現的計畫：包括 GPT-5，更好的語音模型、影片模型、推理能力，更高的費率限制等。此外還包括更好的 GPTs、對喚醒 / 行為程度的控制、個性化、更好地瀏覽、開源等等。

奧特曼在採訪中還表示，GPT-5 的智慧提升將帶來全新的可能性，超越了我們之前的想像。GPT-5 不僅僅是一次性能的提升，更是新生能力的湧現。

2.2.2　預測 GPT-5

儘管目前 GPT-5 還沒有正式發布，但可以確定的是，GPT-5 將會成為比 GPT-4 更強大的存在。儘管目前我們還沒有看到 GPT-5 的發布，但是我們已經看到了 OpenAI 在 2024 年初發布了另外一個同樣震撼的功能，那就是 Sora。

可以說，Sora 就是 GPT-5 的一個縮影，只是 OpenAI 對 GPT-5 採取了更加慎重的態度，當然 GPT-5 的挑戰也確實很大，至少在運算能力層面目前還沒有辦法滿足其進入應用級的需求。

那麼 GPT-5 會是怎麼樣的呢？

首先，是支援更大的輸入。目前，GPT-4 的文字的輸入能力已經提升到了 2.5 萬字的水準。而之前和 ChatGPT 對話可能只能輸入比較短的文字，ChatGPT 也可能很快就會忘記聊天的內容，導致丟失上下文的關聯。但是 CPT-4 可以支撐一個非常長的記憶，且能夠支援非常長的文字的輸入。甚至在幾十輪次的問答之後，GPT-4 依然能夠記住我們之前給出的一些相關資訊。我們可以期待 GPT-5 會支援更大的輸入和更強大的記憶能力。

其次，是治理「機器幻覺」。除了在快速產生結果方面表現更優秀外，GPT-5 還有望在事實準確性上更勝一籌。在 2023 這一年裡，我們都看過 ChatGPT、Bing AI Chat 或 Google Bard 有時候會給出似是而非的回答 —— 這在技術上被稱為「機器幻覺」。

舉個例子，你向 ChatGPT 詢問：「成都是一座怎樣的城市？」它會告訴你：「成都是中國西南地區的一個歷史文化名城，位於四川盆地中部。成都是中國最古老、最繁華的城市之一，擁有豐富的歷史文化遺產和關食文化。成都的歷史可以追溯到 3000 多年前的古蜀國時期。作為古代絲綢之路的重要通道和商業中心，成都是古代文化的重要中心之一。成都也是中國唯一一個擁有三座世界文化遺產的城市，包括都江堰、峨眉山和樂山大佛。這些遺產代表了成都的古代灌溉、佛教文化和自然關景。」雖然 ChatGPT 給出了很多關於文化、地理資訊等方面的細節，內容看起來很可靠，但事實上，ChatGPT 生成的內容許多都是錯誤的事實，也就是有害的幻覺。比如，「位於四川盆地中部」是錯誤的，因為成都位於四川盆地的西部；其次，「成都也是中國唯一一個擁有三座世界文化遺產的城市，包括都江堰、峨眉山和樂山大佛。」峨眉山和樂山大佛都在樂山市，距離成都還有 2 個多小時車程。

並且在 2023 年，還有律師因為使用 ChatGPT 被終生禁業，原因就是 ChatGPT 捏造了 6 個虛構案例。

相比於 ChatGPT 的胡說八道，GPT-4 則在機器幻覺上得到了提升。OpenAI 指出了 GPT-4 和 GPT-3.5 在日常對話中的微妙差異。GPT-4 在一致性法學考試（UBE）、法學入學考試（LSAT）、大學預修微積分等眾多測試中也表現得更為出色。此外，在機器學習基準測試中，GPT-4 不僅在英語，還在其他 23 種語言上超越了 GPT-3.5。

OpenAI 聲稱 GPT-4 的「幻覺」現象少了很多，並在其「內部對抗事實性評估」中比 GPT-3.5 表現提高了 40%。此外，GPT-4 對「敏感請求」或「禁止內容」（例如自我傷害或醫療詢問）的回應傾向性減少了 82%。儘管如此，GPT-4 依然會表現出各種偏見，OpenAI 則表示他們一直在改進現有系統以反映常見的人類價值觀，並從人類的輸入和回饋中學習。

因此，對於 GPT-5 來說，消除錯誤回應將是它未來更廣泛應用的關鍵，尤其是在醫學和教育等關鍵領域。

當然，機器幻覺問題的治理也是決定著 GPT-5 何時發布的一個關鍵問題，也是決定著 GPT-5 朝著通用人工智慧這一目標是否能夠突破的關鍵。

此外，多模態能力是 GPT-5 進化的另一個方向。現在，GPT-4 已經可以使用圖像作為輸入以獲得更好的上下文，而不僅僅只是能分析文字序列資訊。這是 GPT-4 的一個非常強大的跨越點。圖片的理解能力主要體現在 GPT-4 可以對於人類拍攝的照片或給的一些圖片給出比較合理的解釋或理解。GPT-4 甚至可以理解一些比較搞笑的圖片，或者透過一些做菜的圖片，就能想像出能做出的菜餚，甚至可以幫忙整理圖表

資料，抽取圖表的核心內容。甚至我們上傳一些日常生活中拍攝的照片來跟 GPT-4 進行交流，它也可以對照片給出一些有意思的評論。但是，GPT-4 目前還不能理解影片資訊。我們可以期待未來的版本，不難預測，未來 GPT-5 可能具備更大的處理各種形式資料的能力，例如音訊、影片等，使其在各種工作領域更加有用，而不是僅限於作為一個聊天機器人或 AI 圖像生成器。

當然，從目前被拆分出來單獨展示的 Sora 中，我們已經可以提前領略 OpenAI 在多模態方面的能力，而這項能力一旦被整合進 GPT-5，就意謂著 GPT-5 將從目前的 GPT-4 的文字智慧，直接躍升到文字與影片的相互互動，也就是我們人類目前資訊的最終表現手段與方式。

當然，許多人更關注的，可能還是 GPT-5 的智慧水準 —— 所有人都在期待通用 AI 的真正到來。GPT-5 在智慧水準上的升級是必然的事情，因為以 GPT 為代表的 AI 大模型，最可怕的地方就在於 —— 它的進化是幾乎指數級的。本質上，它就是一台強大無比 24 小時，一秒也不會停止的超強學習機器。而這樣能力特徵是人類完全沒有的，人類被肉體所束縛，有無數的短處，在智力進化的路徑上，只能像蝸牛一樣步行，人類進步或演化的速度，是以年、百年、千年為單位的。這跟 GPT 截然不同，GPT 的進步速度是以秒，毫秒，飛秒（毫微微秒）為演化進步的時間單位的，即使在人類看來最複雜的事物，它的學習反應的時間單位，最多也就是以小時為進化單位的。

因此可以預期，作為一次重要的升級，GPT-5 的智慧水準不僅會得到提升，還將在多個領域展現出指數級的改進。正如之前的 ChatGPT、GPT-4 一樣，GPT-5 人工智慧將會是通用的，而這正是它們如此神奇的地方。換言之，GPT-5 不是針對特定任務的提升，而是在整體上變得更

為智慧，這也會推動人工智慧在各個領域都變得更加出色。比如，在醫療保健領域，AI 的更高智慧將使得診斷和治療建議變得更加可靠，從而為醫療行業帶來巨大的變革。它還可能在法律服務和自動駕駛等安全關鍵領域發揮重要作用。因此，GPT-5 的提升將有望為全球各個行業帶來應用，這也正是奧特曼所強調的。

不管是智慧升級、機器幻覺方面，還是多模態能力方面，可以期待的是，GPT-5 的到來將成為科技領域又一次巨大的飛躍，這將使得人工智慧變得更加強大、可靠，並在各個領域帶來革命性的變化，推動人類社會邁向一個更加智慧、創新的未來。

對於 GPT-5 而言，什麼時候推出，除了上面所談的這些問題需要解決之外，另外一個最大的制約條件則是運算能力，也就是說當 OpenAI 什麼時候能夠建構完成支撐 GPT-5 公開應用的運算能力之後，GPT-5 才會迎來真正的公開。

當 GPT-5 來臨的時候，一場關乎各國國力競爭的序幕將正式拉開，一場由人工智慧所引發的新生產要素革命將加速推進。

▎ 2.2.3　科技奇點的前夜

在數學中，「奇點（singularity）」被用於描述正常的規則不再適用的類似漸近線的情況。在物理學中，奇點則被用來描述一種現象，比如一個無限小、緻密的黑洞，或者我們在大爆炸之前都被擠壓到的那個臨界點，同樣是通常的規則不再適用的情況。

1993 年，弗諾・文格（Vernor Vinge）寫了一篇著名的文章，他將這個詞用於未來我們的智慧技術超過我們自己的那一刻 —— 對他來說，在那一刻之後，我們所有的生活將被永遠改變，正常規則將不再適

用。如今，隨著 ChatGPT 的爆發、GPT-4 等 AI 大模型的相繼誕生，我們已經站在了科技奇點的前夜。

從人工智慧技術角度來看，人工智慧最大的特點就在於，它不僅僅是網際網路領域的一次變革，也不屬於某一特定行業的顛覆性技術，而是作為一項通用技術成為支撐整個產業結構和經濟生態變遷的重要工具之一，它的能量可以投射在幾乎所有行業領域中，促進其產業形式轉換，為全球經濟增長和發展提供新的動能。自古至今，從來沒有哪項技術能夠像人工智慧一樣引發人類無限的暢想。

由於人工智慧不是一項單一技術，其涵蓋面及其廣泛，而「智慧」二字所代表的意義又幾乎可以代替所有的人類活動，即使是僅僅停留在人工層面的智慧技術，人工智慧可以做的事情也遠遠超過人們的想像。

在 ChatGPT 爆發之前，人工智慧就已經覆蓋了我們生活的各個方面，從垃圾郵件過濾程式到叫車軟體，日常打開的新聞是人工智慧做出的演算法推薦，線上購物首頁上顯示的是人工智慧推薦的使用者最有可能感興趣、最有可能購買的商品，包括操作越來越簡化的自動駕駛交通工具、再到日常生活中的面部識別上下班打卡制度等等，有的我們深有所感，有的則悄無聲息浸潤在社會運轉的瑣碎日常中。而 ChatGPT 的到來與爆發，卻將人工智慧推向了一個真正的應用快車道上。

李開複曾經提過一個觀點 —— **思考不超過 5 秒的工作，在未來一定會被人工智慧取代**。現在看來，在某些領域，ChatGPT 和 GPT-4 就已遠遠超過「思考 5 秒」這個標準了，並且，隨著它的持續進化，加上它強大的機器學習能力，以及在與我們人類互動過程中的快速學習與進化，在我們人類社會所有有規律與有規則的工作領域中，取代與超越我們人類只是時間問題。

現在，我們每個人都能感受到，人類的進步正在隨著時間的推移越來越快 —— 這就是未來學家雷蒙・庫茲維爾（Ray Kurzweil）所說的人類歷史的加速回報法則（Law of Accelerating Returns）。發生這種情況是因為更先進的社會有能力比尚未發達的社會更快地進步，因為它們更先進。19 世紀的人模擬 15 世紀的人類知道得更多，技術也更好，因此，19 世紀的人模擬 15 世紀取得的進步要大得多。

1985 年上映的一部電影 ——《回到未來》，在這部電影裡，「過去」發生在 1955 年。在電影中，當 1985 年的米高・福克斯（男主角）回到 30 年前，也就是 1955 年時，電視中新穎的蘇打水價格、刺耳的電吉他都讓他措手不及。那是一個不同的世界。但如果這部電影是在現今拍攝，「過去」發生在 1993 年，那麼這部電影或許會更有趣。我們任何一個人穿越到行動網際網路或 AI 普及之前的時代，都會比米高・福克斯更加不適應，也更與 1993 年的時代格格不入。這是因為 1993 年至 2023 年的平均進步速度，是遠遠超過 1955 年至 1985 年的進步速度。近 30 年發生的變化比再前一次的 30 年還要更快、更多。

雷蒙・庫茲維爾認為：「在前幾萬年，科技增長的速度緩慢到一代人看不到明顯的結果；在最近一百年，一個人一生內至少可以看到一次科技的巨大進步；而從二十一世紀開始，大概每三到五年就會發生與此前人類有史以來科技進步的成果類似的變化。」總而言之，由於加速回報定律，庫茲韋爾認為，21 世紀將取得 20 世紀 1,000 倍的進步。

事實也的確如此，科技進步的速度甚至已經超出個人的理解能力極限。2016 年 9 月，AlphaGo 打敗歐洲圍棋冠軍之後，包括李開複在內的多位行業學者專家都認為 AlphaGo 要進一步打敗世界冠軍李世乭希望不大。但後來的結果是，僅僅 6 個月後，AlphaGo 就輕易打敗了李世乭，並且在輸了一場之後再無敗績，這種進化速度讓人瞠目結舌。

現在，AlphaGo 的進化速度正在 GPT 的身上再次上演。OpenAI 在 2020 年 6 月發布了 GPT-3，並在 2022 年 3 月推出了更新版本，內部稱之為「davinci-002」。然後是廣為人知的 GPT-3.5，也就是「davinci-003」，伴隨著 ChatGPT 在 2022 年 11 月的發布，緊隨其後的是 2023 年 3 月 GPT-4 的發布。而按照奧特曼的計畫，GPT-5 在 2024 年也將被正式推出。

從 GPT-1 到 GPT-3，從 ChatGPT 到 GPT-4，每一次的發布都帶給我們全新的震撼 —— 在這個過程中，人類社會討論了多年的人工智慧，也終於從人工智障向想像中的人工智慧模樣發展了。

奇點隱現，而未來已來。正如網際網路最著名的預言家，有「矽谷精神之父」之稱的凱文凱利（Kevin Kelly）所說的：「從第一個聊天機器人（ELIZA，1964 年推出）到真正有效的聊天機器人（ChatGPT，2022 年推出）只用了 58 年。所以，不要認為距離近視野就一定清晰，同時也不要認為距離遠就一定不可能。」

2.3 大模型，智慧時代的基礎設施

如果說 ChatGPT、GPT-4 的誕生，讓人們看到了通用 AI 的希望，那麼，Sora 的出現則讓人們看到了實現通用 AI 將不在是想像。而 ChatGPT API 和 GPT-4 API 的開放則讓人工智慧的適用性進一步被拓展，把人們進一步推向了通用 AI 的前夜。

▋ 2.3.1　開放 API 的意義何在？

2023 年 3 月 1 日，OpenAI 官方宣布，正式開放 ChatGPT API，這意謂著，開發者現在可以透過 API 將 ChatGPT 和 Whisper 模型整合到他們的應用程式和產品中。也就是說，企業或個人開發者無需再自己研發類 ChatGPT，就能直接使用 ChatGPT 這樣的模型來做二次應用和開發。

API，其實就是為兩個不同的應用程式之間實現流暢通訊而設計的應用程式設計發展介面，通常被稱為應用程式的「中間人」。實際上，生活中我們經常會接觸到硬體介面，最常見的就是 HDMI 介面和 USB 介面，我們知道接入某個介面就能實現某種功能。和硬體介面一樣，程式介面能夠將程式內部實現的功能封裝起來，使得程式像一個盒子一樣只留出一個開口，人們只要接上這個開口就能使用功能。呼叫的人可以很方便使用這些功能，並且可以不需要知道這些功能的具體實現過程，介面 API 就是按照作者規定的流程去呼叫這些功能。

舉個例子，我們到商店裡掃碼點餐，我們首先需要掃描二維條碼進入頁面，輸入用餐人數，點完所有點餐並提交訂單。點完後，服務員會來跟你核對功能表，然後同步到後台廚房，最後我們只要坐等上菜即可。其中，掃碼點餐的過程就是 API 介面的工作過程，我們透過一個點餐的 API 介面選中菜餚，讓服務員在後台知道我們的需求並提供相應的菜餚和服務，這個過程就是點餐 API 介面的作用。

在 OpenAI 未開放 API 之前，人們雖然能夠與 ChatGPT 進行交流，但卻不能基於 ChatGPT 進一步開發應用。而 2023 年 3 月 1 日，OpenAI 官方就宣布正式開放 ChatGPT 和 Whisper 的 API。其中，Whisper API 是 OpenAI 去年 9 月推出的由人工智慧驅動的語音轉文字模型。

具體來看，ChatGPT API 由 ChatGPT 背後的 AI 模型提供支援，該模型被稱為 GPT-3.5-Turbo。根據 OpenAI 的說法，它比 ChatGPT、GPT-3.5 更快、更準確、更強大。ChatGPT API 的定價為每 1000 個 Token（約為 750 個單字）0.002 美元，比已有的 GPT-3.5 模型還要便宜 90%。而 ChatGPT API 之所以能這麼便宜，在一定程度上要歸功於「系統範圍的優化」。

OpenAI 稱這麼做將比直接使用現有的語言模型要便宜得多。對此，OpenAI 總裁兼主席 Greg Brockman 對外透示，「API 一直在我們的計畫中，只不過我們需要一段時間來使這些 API 達到一定的品質水準。」現在時間已到，ChatGPT API 便正式對外開放。

在 OpenAI 開放 ChatGPT 不久後，就有幾家公司接入 ChatGPT API 來建立聊天介面。例如，Snap 公司就為 Snapchat+ 訂閱使用者推出了 My AI，這是一項基於 ChatGPT API 的實驗性功能。這個可以客製化的聊天機器人不僅可以提供建議，甚至可以在幾秒鐘內為朋友寫個笑話。

Shopify 透過 ChatGPT API，為自家使用者量達到 1 億的應用程式 Shop 建立了一個「智慧導購」。當消費者搜尋產品時，AI 就會根據他們的要求進行個性化的推薦。Shop 的 AI 助理透過掃描數百萬種產品來簡化購物流程，從而幫助使用者快速找到自己想要的東西。

Quizlet 是一個 6,000 多萬學生都在使用學習平台。過去三年，Quizlet 與 OpenAI 合作，在多個使用案例中利用 GPT-3，包括詞彙學習和實踐測試。隨著 ChatGPT API 的推出，Quizlet 也發布了 Q-Chat ——一個可以基於相關的學習教材提出自我調整問題，並透過富有趣味性的聊天體驗來吸引學生的「AI 老師」。

除了開放 ChatGPT API 外，2023 年 7 月，GPT-4 API 也正式開放。這意謂著開發者們可以在更強大的 GPT-4 上再進行二次應用和開發。

就 OpenAI 的 API 呼叫類型來看，主要分為兩種：Chat Completions（聊天補全）和 Text Completions（文字補全）。

在 GPT-4 API 開放的同一時間，OpenAI 還向開發者分享了目前廣泛使用的 Chat Completions API 現狀。OpenAI 表示，Chat Completions API 占了其 API GPT 使用量的 97%。究其原因，Chat Completions API 的結構化介面（例如系統訊息、功能呼叫）和多輪對話能力能夠使開發者建立對話體驗和廣泛的完成任務，同時降低提示注入攻擊的風險，因為使用者提供的內容可以從結構上與指令分開。

並且，OpenAI 也發布了舊模型的棄用計畫。即從 2024 年 1 月 4 日開始，某些舊的 OpenAI 模型，特別是 GPT-3 及其衍生模型都將不再可用，並將被新的「GPT-3 基礎」模型所取代，新的模型計算效率會更高。

根據公告顯示，使用基於 GPT-3 模型（ada、babbage、curie、davinci）的穩定模型名稱的應用程式將在 2024 年 1 月 4 日自動升級到新模型。

使用其他舊的完成模型（比如 text-davinci-003）的開發者需要在 2024 年 1 月 4 日之前手動升級他們的整合，在他們的 API 請求的「模型」參數中指定 gpt-3.5-turbo-instruct。gpt-3.5-turbo-instruct 是一個 InstructGPT 風格的模型，訓練方式與 text-davinci-003 類似。

Older model	New model
ada	ada-002
babbage	babbage-002
curie	curie-002
davinci	davinci-002
davinci-instruct-beta	
curie-instruct-beta	
text-ada-001	
text-babbage-001	gpt-3.5-turbo-instruct
text-curie-001	
text-davinci-001	
text-davinci-002	
text-davinci-003	

圖 2-1

隨著模型的升級，基於模型的二次應用也將獲得更強大的功能。

不過，雖然市面上基於 API 建構的二次應用已經非常不錯，但問題是，這些基於 API 建構的二次應用依然具有很高的技術門檻，有時需要幾個月的時間，由數十名工程師組成的團隊，處理很多事情才能成功進行二次開發。這些事情包括狀態管理（state management）、提示和上下文管理（Prompt and context management）、擴展功能（extend capabilities）和檢索（retrievel）。

於是，在 2023 年 11 月 7 日的 OpenAI 首屆開發者大會上，OpenAI 推出 Assistants API，讓開發人員在他們的應用程式中建構「助手」。使用 Assistants API，OpenAI 使用者就可以建構一個具有特定指令、利用外部知識，並且可以呼叫 OpenAI 生成式 AI 模型和工具來執行任務的「助手」。像這樣的案例範圍包含，從基於自然語言的資料分析應用程式到寫程式助手，甚至是人工智慧驅動的假期規劃器。

Assistants API 封裝的能力包括：持久的執行緒（persistent threads），人們不必弄清楚如何處理長的對話歷史；內建的檢索（Retrieval），利用來自 OpenAI 模型外部的知識（例如公司員工提供的產品資訊或文件）來增強開發人員建立的助手；提供新的 Stateful API 管理上下文；內建的程式碼解譯器（Code Interpreter），可在沙盒執行環境中編寫和執行 Python 程式碼。這一功能於 3 月份針對 ChatGPT 推出，可以生成圖形和圖表並處理文件，讓使用 Assistants API 建立的助手迭代執行程式碼來解決程式碼和數學問題；改進的函式呼叫，使助手能夠呼叫開發人員定義的程式設計函數並將回應合併到他們的訊息中。

Assistants API 的發布標誌著 OpenAI 在為開發者提供更強大的工具和功能方面取得了重要進展。未來，我們可以期待看到更多基於 Assistants API 的創新性應用，為各行各業帶來更先進、智慧的解決方案。

▎2.3.2　人工智慧的技術底座

支援許多不同應用的 GPT API 是一個強大的工具，在 ChatGPT API 未開放前，有些開發者試著自己在應用中接入 OpenAI 的常規 GPT API，卻無法達到 ChatGPT 的效果。而 OpenAI 開放了 ChatGPT API，則為廣大開發者打開了新的大門。

畢竟，對於大多人企業和開發人員來說，開發像 ChatGPT 這樣的聊天機器人模型是完全遙不可及的，根據 Semianalysis 估算，ChatGPT 一次性訓練用就達 8.4 億美元，生成一個資訊的成本在 1.3 美分左右，是目前傳統搜尋引擎的 3 到 4 倍。OpenAI 也曾因為錢不夠差點倒閉。ChatGPT 的成功也決定了入局的高門檻，後來者必須同時擁有堅實的

AI 底座和充裕的資金。但 GPT API 的正式開放，加上其花費的價格不高，為開發人員建構聊天機器人打開一扇大門。

更重要的是，GPT API 的公布，為通用人工智慧提供了一條現實途徑。如果按照是否能夠執行多項任務的標準來看，GPT 已經具備了通用 AI 的特性。

GPT API 的發布，讓人人都可以使用這種通用 AI 模型。要知道，過去開發一個 AI 系統需要龐大的團隊和大量的資源，包括資料、運算能力和專業知識等。但是現在有了 GPT API，人們可以直接使用 OpenAI 提供的服務來建構自己的 AI 應用，而無需從零開始建立模型和基礎設施。這降低了開發門檻，使得更多人可以參與 AI 應用的開發。人們只要透過 API 介面就可以輕鬆地獲得 GPT 的能力，並應用於各種任務和場景中，包括問答系統、對話生成、文字生成等，這使得通用人工智慧不再是遙不可及的概念，而是每個人都可以使用的工具。

可以說，GPT API 為 AI 的發展建構了一個完善的底層應用系統。這就類似於電腦的作業系統一樣，電腦的作業系統是電腦的核心部分，在資源管理、程序管理、文件管理等方面都起到了非常重要的作用。在資源管理上，作業系統負責管理電腦的硬體資源，例如記憶體、處理器、磁碟等。它分配和管理這些資源，使得多個程式可以共用資源並且高效執行。在程序管理上，作業系統管理電腦上執行的程式，控制它們的執行順序和分配資源，它還維護程式之間的通訊，以及處理程式之間的併發問題。文件管理方面，作業系統則提供了一組標準的檔案系統，可以方便使用者管理和儲存文件。

Windows 作業系統和 iOS 作業系統是目前兩種主流的移動作業系統，而 GPT API 的誕生，也為 AI 應用提供了技術底座。雖然 GPT 是

一個語言模型，但與人對話只是 GPT 的表皮，GPT 的真正作用，是我們能夠基於 GPT 這個開源的系統平台上，開放介面來做一些二次應用。

或許在未來，AI 將成為和水電力一樣的基礎設施。1764 年，一位叫哈格里夫斯的英國紡織工，發明了一種「珍妮紡紗機」，珍妮紡紗機可以同時紡 8 卷線，大幅提高了生產效率。珍妮紡紗機的出現，引發了發明機器進行技術革新的連鎖反應，揭開了工業革命的序幕。

隨著機器生產越來越多，18 世紀中葉，英國率先進入工業革命。當時，蒸汽機用的能源還是煤炭，正是基於煤炭這種遠超人力的能源，人類的生產效率才能大幅提高。又因為效率的提升，煤炭價格就變得非常的低廉。現在的 AI 幾乎就是那時的煤炭，因為未來的 AI，一定會變成整個社會的最基礎的設施、大眾商品。就像我們在現實生活中離不開水、電、燃氣、網路這些必需的生活要素一樣 —— 大模型，就是智慧時代的基礎設施。

2.4 │ 人人都可打造的專屬 GPT

通用模型固然很好，但微調訓練得到一個自己的專屬大模型似乎更能讓人心動 —— OpenAI 也的確這樣做了。

2023 年 8 月 23 日，OpenAI 正式宣布，所有開發者都可以對 GPT-3.5 Turbo 進行微調（Fine-Tuning）。2023 年 11 月 7 日，在首屆 OpenAI 開發者大會上，奧特曼則進一步表示，GPT-3.5 Turbo 16k 的版本目前也可以進行微調的客製化了，而且價格將比前一代更低。GPT-4 的微調客製化也在申請中了。

開放微調功能意謂著所有開發者、企業都可以基於 GPT 這個排名全球第一的通用 AI，結合自己擁有的資料，對其進行個性化微調訓練，更低成本，打造自己的個性化的專屬 GPT。

▍2.4.1　對 GPT 進行微調

作為通用 AI，GPT 一個難以避免的缺點就是，並沒有針對某一個細分場景進行訓練。因此，對於一些特定的應用場景或任務，GPT 可能無法滿足使用者的需求或期望，比如生成特定風格、格式或內容的文字。給使用者的回答可能是正確的廢話或無法落地的泛泛而談，不符合使用者場景。

舉個例子，假如今天我們需要一個浦東機場的機場智慧客服機器人，我們希望這個客服機器人根據浦東機場的相關規定來回答問題。但如果只是簡單地在這個智慧客服機器人中內建 GPT，效果可能不太理想。

比如，當我們輸入「可以帶豬肉製品入境嗎？」GPT 可能會回覆我們：「這個問題的答案取決於您所在的國家和您要進入的國家的法律和規定。通常來說，豬肉製品可能會受到限制或禁止進入某些國家，特別是那些出現豬瘟或其他豬肉疾病的國家。如果您計畫攜帶豬肉製品進入某個國家，建議您先詢問當地的海關或移民局以獲得相關資訊和規定。此外，如果您不確定自己是否可以攜帶某些物品入境，最好不要冒險，以免違反當地法律和法規。」

這個回覆當然沒有錯誤，但卻太過於廣泛，並不能解決我們的真正需求。假如想要 GPT 針對浦東機場的規定回答，我們需要在指令中多加描述，例如改成：「你現在是一名浦東機場相關規範的專家，我要

去浦東機場,請問我可以帶豬肉製品入境嗎?」但這又會出現幾個問題,一是這麼做會導致指令變長,因此 Token 消耗數會提高;二是有時候即使加上更精確的描述,輸出的結果可能還是太廣泛。

這個時候,如果能夠對 GPT 進行微調,我們就能獲得想要的效果,我們可以直接透過「可以帶豬肉製品入境嗎?」這個簡短指令,就直接獲得針對浦東機場規範的輸出。這也就是微調的意義和價值所在。簡單來說,微調就是將某個場景下實際發生的業務資料提交給 GPT,讓它學習,然後讓 GPT 在這個場景下工作。

舉個例子,GPT 就像一個新入職的職業經理人,他業務熟練、管理經驗豐富,但是他對公司所在的本地市場、業務現狀都不熟悉;我們需要在他到公司上班頭兩天,帶他熟悉各個部門,介紹一下公司現狀,讓他儘快熟悉公司。這樣職業經理人才能結合他的專業和管理知識,發揮最大的工作效能。這種方式,對新員工,叫做入職培訓,對 GPT,則叫做微調。

在沒有開放微調功能以前,如果使用者想要結合業務建構專屬的 ChatGPT,需要使用大量的 Prompt 調校模型進行上下文學習。但開放微調功能以後,只需要四個步驟即可打造自己的專屬模型:準備資料 > 上傳檔案 > 開始微調工作 > 使用微調模型。

在準備資料階段,需要構造一組範例對話,這些對話不僅要多樣化,還要跟模型在實際應用中可能遇到的情境高度相似,以便提高模型在真實場景中的推理準確性。按 OpenAI 的要求,需要提供至少 10 個範例。為了確保資料集的有效性,每一個範例對話都應該要符合特定格式。具體來說,每個範例都應是一個訊息清單,清單中的每個訊息都應明確標註發送者的角色、訊息內容,以及可選的發送者名稱。更重要的

是，資料集應該要包含一些專門用來解決模型目前表現不佳的問題的範例。這些特定範例的回應應該是期望模型未來能輸出的理想答案。

在準備好資料後，我們只要上傳訓練文件到 OpenAI 微調平台，在建立微調作業並完成後，就可以使用最終的微調模型。

▎2.4.2　微調 GPT 帶來了什麼？

OpenAI 曾在部落格中提到自 GPT-3.5 Turbo 問世以來，開發者和各大企業一直希望能夠對模型進行個性化客製，以便使用者能使用更為獨特和差異化的體驗。在 OpenAI 開放 GPT-3.5 Turbo 微調功能後，開發者終於可以透過有監督的微調技術，讓模型更適合自己的特定需求。目前，已有多款模型支援微調功能，包括 gpt-3.5-turbo-0613、babbage-002、davinci-002、GPT-3.5 Turbo 16k 等。

根據 OpenAI 介紹，微調後的 GPT-3.5，在某些特定任務上可以超越 GPT-4。此外，在封閉測試中，採用微調的使用者已成功在多個常用場景下顯著提升了模型的表現。比如，透過微調讓模型更準確地執行指令，無論是簡潔地輸出資訊，還是始終用指定的語言回應。比如開發者可以設置模型在被要求使用德語時，一律用德語進行回應。微調還增強了模型在輸出格式上的一致性，這一點對需要特定輸出格式的應用，顯得尤為重要，例如程式碼自動補全或 API 呼叫生成，開發者可以透過微調確保模型，將使用者的輸入準確轉換成與自己系統相容的高品質 JSON 程式碼片段，微調還能讓模型的輸出更貼近企業的品牌口吻。具有明確品牌調性的企業可以透過微調，使模型的輸出與其品牌風格更加吻合。

除了性能提升外，微調還允許使用者在不犧牲性能的前提下，簡化其使用的提示詞。並且，與 GPT-3.5 Turbo 微調過的模型能處理多達 4,000 個 Token，是以前模型的兩倍。有的早期測試者甚至透過將指令直接嵌入模型，減少了 90% 的 Prompt 的浪費，從而加快 API 呼叫速度並降低成本。並且，當微調與提示工程、資訊檢索和函式呼叫等其他技術相結合時，會獲得最為強大的能力。

微調功能的開放為開發者和企業提供了一種有效的方式，以客製大模型使其適應特定的應用需求。透過微調，大模型在執行任務時不僅更可操控、輸出更可靠，而且可以更準確地反映企業的品牌口吻。此外，微調還有助於減少 API 呼叫的時間和成本。可以說，作為一個強大的工具，微調極大地擴展了 GPT 在各種應用場景中的可能性。一個人人都擁有專屬 GPT 的時代真的來了。

2.5 GPT Store，OpenAI 的野心

2024 年 1 月 10 日，GPT Store（GPT 應用商店）正式上線了。GPT Store 的上線，堪比當年 iPhone 的「App Store 時刻」。但此時此刻，卻又不同於彼時彼刻。GPT Store 的上線對於普通使用者、開發者、創業公司乃至整個大模型領域帶來的變化，遠遠不是大模型版「App Store」那麼簡單。

▌2.5.1　千呼萬喚始出來

在 GPT Store 正式上線前，網路上已經有許多相關的資訊。因為在 2023 年 11 月 7 日的 OpenAI 首屆開發者大會，創辦人奧特曼就已經公布了 GPT Store —— 人們能用自然語言建構客製化 GPT，並且可以把客製化 GPT 上傳到 GPT Store。如果說同一時間發布的 GPT-4 Turbo 是更好用的「iPhone」，那麼 GPT Store 則可能是讓 OpenAI 成為像「Apple」一樣的巨頭的重要一步。

事實上早在 2023 年 5 月，OpenAI 就開放了外掛程式系統，首批上線了 70 個大模型相關的應用，領域包括猜字、翻譯、搜尋股票資料等等。當時，這一功能被寄予厚望，不少媒體將其比擬成 Apple 的 App Store 時刻，認為它將改變大模型應用的生態。不過雖然後期外掛程式不斷增加，但外掛程式系統卻遠遠沒有達到 Apple 應用商店的影響力。

但在 11 月的發布會上，OpenAI 重新梳理了其應用商店的體系，並將其擴大到了一個全新的範疇 —— 人人都能透過自然語言建立基於自己的知識庫 GPT，加入 OpenAI 的應用商店，並獲得分潤。按照奧特曼的說法，每一個 GPT 像是 ChatGPT 的一個為了特殊目的而做出的定製版本。

特別值得一提的是，此次發布中，OpenAI 還推出了一個重磅功能，讓不懂程式碼的人也能輕鬆定義一個 GPT，實現這一功能的工具就是 GPT Builder。GPT Builder 包含指令、擴展知識和行動三大功能。

首先，指令部分允許使用者一步步下達指令建構 GPTs。使用者只需提出 GPT 的應用目標，GPT Builder 將生成 GPT 的名稱、Logo 等資訊，並透過逐步的問題引導完善指令流程，最終完成應用建構。使用者

甚至無需規劃整個流程,因為 GPT Builder 會透過引導問題幫助使用者完成客製。其次,透過「知識擴展」功能,使用者可以直接上傳自訂資料,例如 DevDay 事件時間表。此外,使用者還可以選擇是否呼叫模型能力,使 GPT 能夠存取網頁瀏覽、DALL-E 和 OpenAI 的程式碼解譯器工具,用於編寫和執行軟體。這為使用者提供了更廣泛的客製化能力,使得 GPTs 可以靈活地適應各種應用場景。最後,透過名為 Actions 的功能,OpenAI 允許 GPTs 呼叫函數,連接到外部服務,例如存取電子郵件、資料庫等資料,以完成複雜的工作組合。這意謂著 GPTs 可以回答使用者關於旅遊地點資訊的詢問時,呼叫 Google 地圖或機票資訊,實現更強大的功能組合。

於是,透過自然語言互動,使用者就可以輕鬆建構任務導向的 GPTs。奧特曼為此進行了現場展示,並透過 GPT Builder 建構出了創業導師 GPT。奧特曼提到:「在 YC 工作過很多年,我總是遇到開發者向我諮詢商業意見。我一直想,如果有一天有個機器人能幫我回答這些問題就好了。」

接著,奧特曼打開了 GPT Builder,他先打上一段對這個 GPT 的定義,類似於幫助初創公司的創始人思考他們的業務創意並獲得建議,接著,在對話中,GPT Builder 自己生成了這個 GPT 的名字、圖示,並透過與奧特曼對話的形式,詢問奧特曼是否要對生成的名字和圖示等進行調整。

接下來,GPT Builder 主動向他詢問這個應用該如何與使用者互動,奧特曼表示可以從我的過往演講中選擇合適且有建設性的回答,然後上傳了一段自己過往的演講。即使加上講解,整個應用也在三分鐘內就完成了。使用這個 GPT 的人,會收到 GPT 自動生成的對話開頭,

可以與這個 GPT 對話諮詢創業相關的內容，他們得到的將是一個類似於奧特曼本人的回答。奧特曼表示，建立者還可以進一步為 GPT 增加 Action（動作）。

本質上，建立一個像這樣的 GPT，使用者能夠客製的功能其實並不多。但是能將三者完美結合起來，讓一個不懂程式碼的人也能簡單地建立應用程式，確實是 Open AI 這次的創舉。GPTs 的發布也標誌著 ChatGPT 的個性化客製時代的到來。使用者可以透過簡單的對話，建構多個專業領域的 GPT，實現從寵物顧問到設計幫手，再到訊息代發等多種功能。

而 GPT 發布後，應用可以選擇私有，專屬企業擁有和公開所有三種方式。Open AI 還表示將為受歡迎的應用提供利潤分享。無論是建構還是分享，GPTs 都宣告著一個自訂 GPT 時代的到來。未來，或許就像比爾・蓋茲所預言的：我們不必再為不同任務選用不同應用程式，相反地，只需要用日常用語告訴設備你的需求。基於軟體獲取的資訊，它將能作出為你量身定做的回應。

在首屆開發者大會兩個月後，GPT Store 也正式上線了。現在，在 ChatGPT 的主介面中，點擊左上方的「Explore GPTs」，就可以進入 GPT Store。

圖 2-2

　　從 GPT Store 介面的構成來看，看起來很像 Apple 的 App Store，分類包括：Featured，本周精選特色應用；Trending，社群最受歡迎的 GPTs；By ChatGPT，由 ChatGPT 團隊建立的 GPTs。除此之外，根據應用的用途，GPTs 還被劃分為「寫作」、「效率」、「研究和分析」、「程式設計」、「教育」和「生活方式」等分類。

　　在使用 GPT Store 方面更是非常的便捷，只需要在介面中選擇我們要用的 GPT，點擊進入並開始對話即可。

　　熱門榜上的幾個 GPTs，效果可以說是非常驚豔。比如 Consensus，它號稱收錄了 2 億篇學術論文的結果，相當於一個 AI 學術助手，它在回答科學問題算是專業的。如果我們問它「為什麼吃了頭孢類藥物不能喝酒」，Consensus 不僅能在幾秒鐘內回答問題，甚至還能把佐證觀點的相關引用文獻也提供出來。

除了前述例子之外，AlphaNotes GPT 是一個可以摘要長影片和長文的 GPTs，我們只要丟給它一個 YouTube 影片連結，它就可以直接分析出簡介、要點、論點、背景等等。此外，還有圖示設計神器 Logo Creator、程式設計應用 Grimoire 等等。

▋ 2.5.2 不只是 GPT Store

基於 GPTs 的 GPT Store 不僅僅是一個集合了 GPTs 的 GPT 商城，更透露著 OpenAI 的野心 —— 實現商業化以及打造真正的通用 AI。

從商業化角度來看，雖然 OpenAI 是 AI 行業當之無愧的領頭羊，但不可否認，OpenAI 仍是一家虧損中的創業公司，而且仍然面臨商業化的難題，這也是 OpenAI 目前遇到的現實挑戰。因為邁向通用 AI 的路，是一條極具燒錢之路，一直依靠融資來發展，顯然不是一種可持續的方式。更何況在融資的過程中，也需要有相關的資料與願景，讓投資者看到在未來實現商業變現的可能性。

因此，要考慮實現業務多元化，降低外部依賴，就必須開拓新的路徑。在 GPT Store 之前，OpenAI 在商業化方面已經有了相關的探索，例如推出會員訂閱、開放 API、開放微調功能等。從訂閱費來看，2023 年 2 月，OpenAI 公司宣布推出付費訂閱計畫 ChatGPT Plus，定價每月 20 美元。付費版功能包括高峰時段免排隊、快速回應以及優先獲得新功能和改善等。從 API 來看，在 OpenAI 未開放 API 之前，人們雖然能夠與 ChatGPT 進行交流，但卻不能基於 ChatGPT 進一步開發應用。而 2023 年 3 月 1 日，OpenAI 官方則宣布，開發者可以透過 API 將 ChatGPT 和 Whisper 模型整合到他們的應用程式和產品中。5 個月後，8 月 23 日，OpenAI 進一步推出 GPT-3.5 Turbo 微調功能並更新 API，

使企業、開發人員可以使用自己的資料，結合業務案例建構專屬的 ChatGPT。

現今，圍繞著 OpenAI 的 API 已經出現了許多新產品，許多現有產品也在圍繞著 OpenAI 的 API 進行重構。和大多數提供非核心功能的 API 不同，OpenAI 的 API 是許多此類產品體驗的核心。有了 OpenAI 的 API，就意謂著寫幾行程式碼，你的產品就可以做很多非常聰明的人能做的事情，比如當客服、科學研究、發現藥物配方或輔導學生等。

從短期來看，這對產品開發者來說是一件好事，因為他們會獲得更多的功能以及更多的使用者，但從 OpenAI 的角度來看，幾乎所有開發者都需要依賴 OpenAI 來實現其核心功能，這也意謂著 OpenAI 不僅能得到一筆可觀的 API 費用。

不論是推出會員訂閱，還是更新 API，這些都是 GPT 商業化的必然模式。當然，這也是所有網際網路企業的常規模式。從這個角度來看，OpenAI 的商業化之路，依然是網際網路的傳統模式，但 GPT Store 卻為 OpenAI 帶來了新的可能 —— GPT Store 透過開發者的收入分潤，再加上流量的支持，不僅壯大了自己的生態，擴張了商業化的路徑，還斷了「中間商賺差價」的路。

據 OpenAI 官方聲明，到目前為止，其社群成員已經建構了 300 萬個 GPT，並已批准了其中一系列 GPT 來上架到 GPT Store。為了進一步鼓勵大家的創作積極性，OpenAI 預計在 2024 年第一季度推出「GPT 建構者收入計畫」。另外從如今發布的 GPT 來看，每個應用後面都附有創作者自身的連結，使用者點擊即可跳轉到該頁面。簡單來說，GPT Store 是支援使用者向外部引流的。在同類產品中，似乎也只有 GPTs 允許創作者導流回自己的平台。如果能反向透過 GPT 來獲得流量，那麼

有意願建立 GPT 並分享的創作者顯然會更多。特別是對於那些手握業務和垂直領域資料的人來說，這點也許會成為關鍵的考量因素。

或許，GPTs 的上線會成為 AI 變現的助燃劑，但對於一眾處於 OpenAI 下游的 AI 應用公司，特別是基於 GPT 做垂直應用的所謂創業公司，將是一記重錘。因為 GPTs 在根本上消除了使用者提出需求和獲得應用之間的一系列執行過程 —— 在此之前，這需要開發者去收集理解相應的需求，然後開發出一個可用的程式，再發布出來給使用者使用 —— 我們手機裡 App 就是這麼來的。但現在，這些都由 GPT 代勞了，也就徹底堵住了「中間商賺差價」的路。畢竟，沒有哪個工程師可以像 GPT 那樣隨時待命，不疲不倦地修改程式碼和更新，也沒有哪個產品經理比客戶本身更理解自己的需求，熟悉哪些資源和資料可以用來滿足需求。

從打造真正的通用 AI 層面來看，GPT Store 的上線，更是 OpenAI 實現通用 AI 的重要一步。一方面，GPT Store 為 OpenAI 提供了一個管道，獲得前所未有的訓練資料。當讓開發者利用 GPT Builder 開發出具有不同功能的 GPTs，並吸引使用者的使用時，OpenAI 就可以收集大量的來自不同垂直領域的有效資料，從而豐富和完善其語言模型的訓練資料集。這對於改進語言模型的性能和理解能力至關重要，這也是實現通用人工智慧的關鍵一步。

另一方面，雖然 GPT Store 為個人開發者和企業都帶來了許多好處，但從 OpenAI 的角度來看，幾乎所有開發者都需要依賴 OpenAI 來實現其核心功能，這幾乎意謂著 OpenAI 無條件地獲得了更多的注意力、市佔率以及影響力。因為任何產品，不管是大公司還是小公司的產品，本質上都變成了 OpenAI 的使用者，而所有開發者在 GPT Store 的

創新和貢獻都將為 OpenAI 提供更多的想法和回饋，幫助其不斷改進和優化通用人工智慧模型。

GPT Store 當然不是 Apple 的 App Store，但 GPT Store 的上線卻堪比當年 iPhone 的「App Store 時刻」。新的歷史正在被創造。

Note

3

GPT 的無限未來

3.1 | 賦能百業的 GPT

作為一種超級工具，GPT 掀起的技術革命不僅僅侷限在網際網路領域，也並非是對某一特定行業的改變，而是讓人工智慧成為一種底層技術，成為一項通用技術，影響社會生活和生產的各行各業。隨著 GPT 的各種應用場景不斷被挖掘出來，「GPT+ 效應」正在帶領我們進入一個前所未有的人工智慧時代。

▌3.1.1 搜尋引擎的升級

基於 GPT 進行二次開發和應用，微軟絕對是最先行動的第一批企業。

2023 年 2 月 7 日，微軟就在美國華盛頓州雷德蒙德的公司總部正式推出整合了 ChatGPT 的新版 Bing，並將新版 Bing 整合進新版 Edge 網路瀏覽器中，以提高其搜尋準確性和效率，致力於將「搜尋、瀏覽和聊天進行整合，為用戶提供更優質的搜尋場景、更全面的回答、一個全新的聊天體驗和內容生產能力」。並且，2023 年 5 月，在 GPT-4 誕生不久後，微軟也再一次更新了搭載 GPT-4 的全新版 Bing。

仔細看會發現新版 Bing 的介面不是一條細長的搜尋欄，而是一個尺寸更大的聊天框。我們輸入自己的問題或想要查詢的東西之後，它就會以聊天的方式直接將答案或建議回覆給我們。同時，傳統的搜尋欄選項也依然可用（圖 3- 1、圖 3- 2）。

圖 3-1　舊版 Bing

圖 3-2　新版 Bing

　　相較於舊版 Bing，具有對話功能的新版 Bing 體現出不同於傳統搜尋引擎的三個特徵。

　　首先，在新版 Bing 上搜尋後，可以質詢結果，而不僅是重新輸入關鍵字查詢。比如，如果我們傳統搜尋引擎的搜尋框查詢搜尋「占比最大的軟體類型」時，它給出的答案可能是「企業軟體」，並給出了這一答案的資訊來源於何處。而使用新版 Bing，在搜尋結果頁面的頂部不僅僅會出現類似的內容，在搜尋結果的下方還增設了一個聊天文字方塊。在這個聊天文字方塊中，我們可以對結果提出疑問，比如，我們如果對搜尋結果提出質疑 —— 輸入「是真的嗎」，新版 Bing 會提供更多內容來驗證之前的結論。也就是說，新版 Bing 在傳統搜尋引擎模式下新增了更智慧的多輪對話能力，讓人們搜尋的體驗更佳（圖 3-3）。

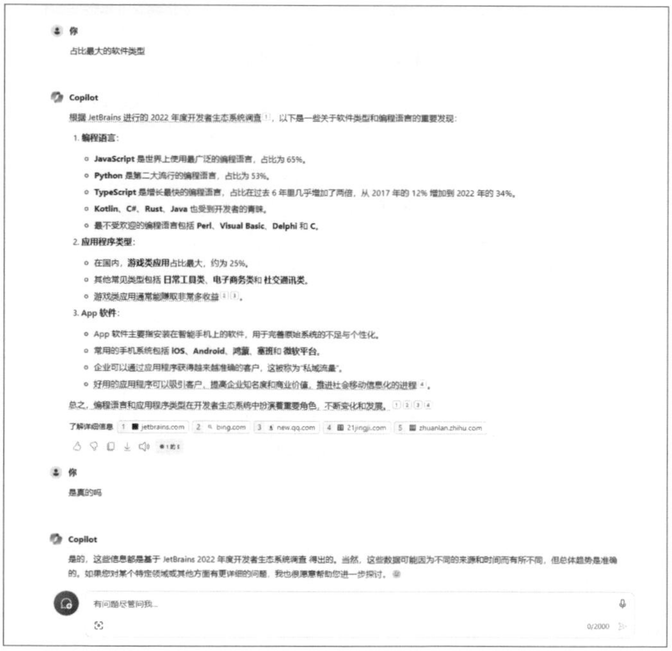

圖 3-3

其次，新版 Bing 提供的搜尋結果可以超出搜尋的內容範疇，這能夠幫助搜尋者瞭解更多相關的內容。比如，我們在傳統搜尋引擎中輸入「如果我想瞭解德國表現主義的概念，我應該看、聽和讀哪些電影、音樂和文學作品」，傳統搜尋引擎可能會展現出關於德國表現主義、德國表現主義電影、音樂、文學作品的連結，但也只限於這些範圍。而當將同一問題輸入新版 Bing 時，它不僅能夠提供代表德國表現主義的電影、音樂和文學作品清單，還為使用者額外提供了有關這一藝術運動的相關背景資訊。這個搜尋結果看起來就像維基百科上關於德國表現主義的項目，同時還配有連結到原始材料的註腳，以及符合提問要求的流派例子（圖 3-4）。

圖 **3-4**

最後，新版 Bing 還能為人們提供更人性化的建議。比如，搜尋 Ikea 的雙人座椅是否適合小型貨車時，新版 Bing 可以找到雙人座椅和汽車的尺寸，並回答是否合適，為我們做出判斷。搜尋 3 款吸塵器時，新版 Bing 會用更易閱讀的格式為我們對比這 3 款吸塵器的利弊，並提供最佳產品型號的建議。搜尋適合 8 人用餐的功能表時，我們可以對問題做出多種限制，例如不含乳製品、不含堅果、不含魚肉，新版 Bing 引擎依然能夠給出滿意的回答。搜尋 5 天的旅遊行程時，新版 Bing 會為我們搜尋最佳景點，並匯整成一個基礎的行程清單。如果我們想將原計劃 5 天的旅行改為 3 天，它也能很快適應。給出答案，而非展示連結，這就是新版 Bing 的核心。換句話說，新版 Bing 搜尋到的東西更有用了（圖 3-5、圖 3-6）。

圖 3-5

圖 3-6

新版 Bing 不僅限於搜尋，它還多了一種功能上的體驗。在 Edge 上打開新版 Bing，它可以幫我們總結一份長長的 PDF，就像一份收益報告，也像完整有條理的會議記錄；它還可以將電腦程式碼翻譯成另一種語言，使其成為一種有用的程式設計工具；它也可以直接編寫電子郵件或社交媒體內容，我們只需要確認內容，它就可以直接幫我們發出內容。提供各項服務和更強大的功能，這是新版 Bing 的進擊。

可以說，整合了 GPT 的新版 Bing 以及新版 Edge 網路瀏覽器集搜尋、瀏覽、聊天於一體，也給人們帶來前所未有的全新體驗：更高效的搜尋、更完整的答案、更自然的聊天，還有高效生成文字和程式設計的新功能。而搜尋引擎不再只是查詢工具，它更像是人們的高級助理。微軟 CEO 薩蒂亞‧納德拉對此表示，網頁搜尋的模式已經停滯數十年，而 GPT 的加入讓搜尋進入全新的階段。

　　實際上，從傳統搜尋引擎到基於 GPT 的搜尋引擎的跨越，也是人類資訊獲取的進一步發展。尤其是在人類步入大數據時代之後，尋找資訊，尤其是高效、快速的尋找有高品質的資訊，幾乎是所有人類面臨的共同困境。科技越不發達的時代，資訊搜尋的成本越高，在古代，人們甚至需要跨越山海去獲取資訊；後來隨著黃頁和大英百科全書的出現，人們得以更快地獲取資訊，這也是為什麼在 20 世紀的幾十年裡，黃頁和大英百科全書是幾乎所有人每天都需要使用的。無論是黃頁，還是大英百科全書，他們提供的價值基本上都相同：將我們最常見的問題的答案打包在方便的模組中。於是，本來我們需要去圖書館或步行到鎮上才能解答的問題，突然間可以在幾分鐘內就可以得到解決。

　　再後來，搜尋引擎的出現，讓我們獲取資訊的速度進一步提升，只要在鍵盤上輕輕敲下我們的問題，再按下確認鍵，我們就能獲得問題的答案。而現在，GPT 的出現卻讓問題和答案之間的距離進一步縮短，人類獲取資訊的方式，又往前踏了一大步。

　　從個人對於資訊需求的角度出發來看，主動式的資訊需求分為幾個步驟，第一步就是意圖的理解，第二步是尋找合適的資訊，第三步可能就是尋找完合適的資訊之後做理解和整合，第四步就是給出相應的答案。目前傳統的搜尋引擎，不管是 Google 還是百度，或是其他搜尋引擎，都只能做到第三步，就是理解意圖，隨後進行資訊的匹配和尋找，再進行呈現。於是，在傳統的搜尋模式中，我們輸入問題，搜尋引擎就會回傳一些片段，通常是回傳一個連結清單。而內建了 GPT 的搜尋引擎卻在這個基礎上再多了一步，就是在理解和整合的基礎上，給出相應的答案。

　　從技術發展的角度來看，理論上，GPT 是可以取代傳統搜尋引擎的，但目前 GPT 還存在機器幻覺這樣的問題 —— 對於不少知識類型的

問題，GPT 會給出看似很有道理卻錯誤的答案。而並非完全錯誤但又不夠準確的答案不僅僅會混淆我們的判斷，長久之後還可能讓我們失去 GPT 的信任。但長期來看，當 GPT 有一天解決了機器幻覺的問題，GPT 也將真正顛覆搜尋引擎，並將人類的資訊搜尋帶進一個全新的階段。

▌3.1.2　成為上班族的利器

進入 2023 年，GPT 最重要的變化，就是從聊天工具逐漸往效率工具邁進，並成為「上班族」最實用的工具，而微軟則在這個過程中發揮了重要的作用。

2023 年 3 月，在 GPT-4 重磅發布後不久，微軟就正式宣布將 GPT-4 模型整合到 Office 套件，推出全新的 AI 功能 Copilot 系統。在微軟新推出的 Copilot 全系統中，GPT-4 將負責 Word、Excel、PPT 等辦公軟體和 Microsoft Graph 的類 API 的相互呼叫。如果說 GPT-4 模型的發布只是讓人們看到 AI 的實力，那麼，微軟加入了 GPT-4 的 Office 全家桶則是真正讓人們體驗到 AI 的價值。正如在發布會開始時，微軟副總裁 Jared Spataro 所說的：「一百年後，我們將會回顧這一刻，並說，那是真正的數位時代的開始」。

微軟加入 GPT-4 的 Office 全家桶確實驚豔，甚至可以成為 AI 發展的一個里程碑，這意謂著，我們與電腦的對話模式邁入了新的階段，真正開啟了 AI 協助人類辦公的一個時代。

比如，在 Word 中，如果我們要寫一個故事，可以直接給 word 一句簡短的描述，它就能幫我們生成初稿。更強大的地方是，我們可以直接傳入檔案，指定 AI 來參考其內容進行創作。生成的內容不僅井井有

條，甚至連格式都幫我們排好了。對於所有 Copilot 生成的內容，如果覺得還不錯，那就保留。不夠滿意，也可以調整 AI 設置，或是再要求重新生成。

有了這個初稿，我們就可以省去一大筆時間，直接在上面進行潤飾和再創作。Word 中的 Copilot 的智慧程度遠超我們的想像，因為它還支援在各種語調之間切換，例如專業的情境用專業的術語，在休閒的情境中還能修改成別的描述。

在 Excel 中，使用 Copilot 系統可以讓製作複雜的試算表變得更容易。對於不懂 Excel 裡面各種函式呼叫、巨集、VBA 語言的使用者而言，基於 Copilot，可以直接用「人話」提出各種問題，然後它會推薦一些實用的公式。Excel 中的 Copilot 也可以找到資料的相關性，根據問題生成模型得出趨勢。它還可以即時製作基於資料的 SWOT 分析或樞紐分析表。

PPT 也可以透過 Copilot 直接生成，我們只需要輸入要演示的資訊、想要的風格，然後點擊生成，一份排版精美、動畫豐富的 PPT 就誕生了。

除了辦公軟體 Office 之外，微軟也在其他辦公軟體、低程式碼平台中嵌入了 Copilot 功能。在 Microsoft Teams 中，Copilot 功能可以轉錄會議，比如，建立一個從會議開始到最後所講內容的摘要，它還可以回答有關會議的具體問題。另外，Copilot 還能根據聊天記錄直接生成會議議程，建議誰應該跟進特定專案，並建議安排簽到的時間，樣樣俱全。

在 Outlook 中的 Copilot 可以使用 AI 來閱讀郵件，並且為你自動生成回覆。Business Chat 則是本次微軟發布的一種全新的體驗，它使用 Microsoft Graph 和 AI 將 Word、PPT、電子郵件、日曆、備忘錄、連絡

人等程式中收集資訊彙聚到 Microsoft Teams 的聊天介面中，這個介面可以生成摘要、計畫概述。

對於微軟來說，Copilot 意義也不限於傳統 Office 這幾個軟體，而是將整個微軟辦公生態全部打通，郵件、連絡人、線上會議、日曆、工作群聊等等，所有資料全部接入大語言模型，構成新的 Copilot 系統。線上會議開到一半，AI 就能即時做出總結，甚至指出哪些問題還未解決，接下來需要繼續討論。

對我們來說，Copilot 的發布，意謂著宛如 AI 的「iPhone 時刻」終於來了。Copilot 就是 AI 一直在等待的超級應用程式，它從根本上改變了人們的工作方式，將人們從不斷重複的工作解放出來，從而有更多的時間和精力去完成更進階的創作性工作。我們只需要打開 Office，然後告訴它我們的想法，Copilot 就可以代替我們完成後面的工作。

根據 GitHub 對使用 Copilot 的開發人員的調查，有 88% 的人表示工作效率變得更高，74% 的人表示可以專注於更令人滿意的工作，77% 的人表示有助於他們花更少的時間搜尋資訊或範例。從 GPT 到融合了 GPT 的辦公軟體，GPT 給人類社會帶來的改變也一次次地超出了人類的預想。

▍3.1.3 設計師的必備工具

現今，GPT，正在成為設計師的必備工具 —— GPT 可以協助設計師更快速地完成設計任務，同時還能夠提高設計的品質。比如，透過與 GPT 進行對話，設計師可以獲取靈感、獲取設計建議、獲得有關用戶行為和用戶需求的見解。

特別是在 UX/UI 設計過程中，使用 GPT 的一個關鍵優勢，就是它能幫助生成文案和內容。這可以極大地提高設計師的效率和生產力，為更具戰略性和創造性的工作騰出時間。

比如，過去，想要創建引人入勝且準確的產品描述可能都需要耗費大量時間和精力。但不管是 ChatGPT 還是 GPT-4 都可以針對產品描述、關鍵特點和優勢進行訓練，並用於為新產品生成產品描述。此外，GPT 還可以用於生成標題、標籤和其他 UI 元素，確保它們清晰、簡明並與整體設計風格保持一致，並根據各種設計原則和最佳實踐進行訓練，以便提供建議，幫助設計師做出明智的設計決策。

當然，這些都是 GPT 在設計行業的基礎用法，在 OpenAI 沒有推出 Sora 功能之前，通常在文生圖方面需要再搭配上 Midjourney、DALL-E 等圖像生成 AI 工具進行圖像生成。但是在融入了文生圖的功能之後，在可預期的下一步，設計的流程將被進一步簡化，這不僅極大地提高了設計效率，也降低了設計門檻，甚至對整個設計行業都造成了衝擊。

以 GPT 搭配 Midjourney 為例，這其實就是一個典型的「GPT+ 效應」的例子，簡單來說，就是 GPT 模型和其他人工智慧程式的組合拳。

GPT 是一種自然語言處理工具，透過輸入一段話，GPT 就可以自動生成有邏輯、有意義的文字內容，幫助設計師快速生成表達設計方案、設計創意的語言文字，同時減少繁瑣的語言表達工作。Midjourney 則是一款基於 AI 技術的設計輔助工具，它可以幫助設計師迅速獲取靈感和思路，並透過對設計項目、風格、顏色等的自動分析和推薦，幫助設計師更快速地生成大量的意象圖、效果圖，大幅提高前期設計效率和品質。而 GPT 和 Midjourney 的結合使用可以大幅節省設計師的時間成本。設計師可以利用 GPT 生成大量的設計方案和創意，然後透過 Midjourney 進行篩選和優化，最終完成高品質的設計。

在 2023 年，整個設計行業都面臨著來自於 AI 的挑戰，尤其是一些遊戲公司，不論是從程式師還是原畫師，都因為 GPT 搭載著各種 AI 設計軟體而引發了大規模裁員。GPT 和 Midjourney 的結合使用，已經能達到一個中級原畫師的水準，AI 繪畫至少可以幫助畫師完成前期 50% 以上的工作。這在過去，人類為了掌握這種繪畫技能，至少需要十幾年專業的美術訓練、付出大量的時間與金錢，經歷不斷的學習與練習，才能獲得專業繪畫的技能，如今卻正在被 AI 繪畫輕而易舉地取代。

GPT 和 Midjourney 的結合不僅速度快，幾分鐘就可以產生大量的創意和方案，而且輸出的文字和圖像品質也高，能夠滿足大部分使用需求，並且 GPT 和 Midjourney 的操作也非常簡單，無需專業技能就可以使用。事實上，在 2023 年，基於 GPT 和 Midjourney 的結合，網路上也誕生了許多「神圖」，比如穿越到蘇聯工廠的馬斯克，看海棠的學妹，還有中國版的赫本等等。

GPT 和 Midjourney 的結合，不僅為設計師提供了更多工具，幫助設計師來更好地瞭解用戶需求、優化用戶體驗，生成設計靈感，尋找設計資源，編寫研究大綱等，也成就了「GPT+」，也給了 GPT 做大做強的機會。這也就很自然地在運算能力獲得突破的情況下，就有了 2024 年的進一步升級，也就是後面具體談論的 Sora 的出現，這裡暫且先不展開談論這個話題。

▍3.1.4 新聞業的「海嘯」

每一項技術革新，都將勾勒出一個新紀元。在 GPT 引領的時代裡，所有行業都值得用 GPT 重塑，新聞行業也不例外，新聞業甚至是受 GPT 影響最為劇烈的領域之一，因此，對於 GPT 的回應也最為積極。

　　許多新聞工作者已經從 ChatGPT 獲得助力。《紐約時報》觀點專欄作家曼珠認為，ChatGPT 這樣的應用將成為許多記者的常用工具。他在自己的文章中將 ChatGPT 比喻為新聞工作者獲得的新型噴氣飛行器，雖然有時它會崩掉，但有時它則會翱翔、升騰，能夠在幾秒鐘、幾分鐘內完成過去數小時才能完成的任務。這也就讓我們看到，ChtaGPT 確實是一種非常強大的效率工具，但能產生多大的價值，依然考驗著使用者的使用能力。

　　目前，GPT 對於新聞業的影響主要集中於新聞生產階段。而隨著 GPT 系列的提升以及應用程度的加深，它對於新聞業的影響也會日益深化。

　　一方面，GPT 將優化新聞資訊的收集與處理。比如，藉助 plugins 等外掛程式，ChatGPT 可以快速抓取和收集海量資料，並進行自動處理，例如快速瀏覽文字和生成摘要，為新聞工作者提供有力的資料分析，從而提供見解或啟發，幫助記者尋找更獨特的角度、更有洞察力的思考方向。這種能力提供了一種提升資訊獲取效率的可能，在資料檢索階段，記者和編輯無需閱讀大量全文資料，而是能利用 GPT 的資料分析和語意分析能力生成摘要，快速獲取核心資訊，以提高工作的效率。

　　ChatGPT 的語言生成能力還可用於翻譯跨語言文字，方便記者和編輯獲取不同語種的資料與資訊。另一方面，GPT 還能直接進行新聞內容的生成，提升報導效率。

　　GPT 具有極強的學習能力和文字生成能力，它還能迅速收集網際網路資料進行新聞內容的生成。透過提示詞的設置，GPT 還可以生成特定風格的新聞報導。除此之外，GPT 可以應用於生成訪談大綱、文章框架和標題等內容，還能將新聞報導翻譯成多種語言，打破語

言邊界。部分媒體已將 GPT 納入到新聞內容的生產流程中。比如，BuzzFeed 將 ChatGPT 用於測驗類內容的生成；2023 年情人節前，《紐約時報》使用 GPT 建立了一個情人節消息生成器，使用者只需要輸入幾個提示指令，程式就可以自動生成情書。

英國的新聞網站 journalism.co.uk 在 2023 年 1 月專門發表了一篇文章，總結了 ChatGPT 可以為記者完成八項任務：生成內容和檔案摘要；生成問題和答案；提供報價；製造標題；將文章翻譯成不同的語言；生成郵件主題和寫郵件；生成社群貼文；為一段文章提供上下文。美國《Insider》全球總編輯卡爾森甚至將 ChatGPT 稱為「海嘯」：海嘯即將來臨，我們要麼駕馭它，要麼被它消滅。他認為人工智慧會讓新聞業變得更快更好。未來，隨著機器幻覺問題的解決，GPT 有望在新聞行業掀起真正的海嘯。

▌ 3.1.5　改變教育的 GPT

GPT 改變教育，是一個必然且正在發生的事實。

在 ChatGPT 之前，已經有很多 AI 產品在教育中發揮作用。例如幼教、高等教育、職業教育等各類教育，具體來說，它已經應用在拍照搜題、分層排課、口語測評、組卷閱卷、作文批改、作業佈置等場景中。ChatGPT 的爆發則進一步衝擊了目前的教育。其中一個最直接的現象是，學生們開始用 ChatGPT 完成作業。

2023 年，史丹佛大學校園媒體《史丹佛日報》的一項匿名調查顯示，大約有 17% 的受訪史丹佛學生（4497 名）表示，他們曾經使用 ChatGPT 來協助他們完成秋季作業和考試。史丹佛大學發言人迪・繆斯特菲（Dee Mostofi）表示，該校司法事務委員會一直在監控新興的人工

智慧工具，並將討論它們如何與該校的榮譽準則相關聯。線上課程供應商 Study.com 針對全球 1,000 名 18 歲以上學生進行調查，報告顯示了每 10 個學生中就有超過 9 個學生知道 ChatGPT，超過 89% 的學生使用 ChatGPT 來完成家庭作業，48% 的學生用 ChatGPT 完成小測驗，53% 的學生用 ChatGPT 寫論文，22% 的學生用 ChatGPT 生成論文大綱。

ChatGPT 的突然到來，讓全球教育界都開始警惕起來。為此，美國一些地區的學校不得不全面禁止 ChatGPT，還有人開發了專門的軟體來檢查學生遞交的文字作業是否是由 AI 完成。紐約市教育部門發言人認為，該工具「不會培養批判性思維和解決問題的能力」。

哲學家、語言學家艾弗拉姆・諾姆・喬姆斯基（Avram Noam Chomsky）更是表示，ChatGPT 本質上是「高科技剽竊」和「避免學習的一種方式」。喬姆斯基認為，學生本能地使用高科技來逃避學習是「教育系統失敗的標誌」。

當然，在高舉反對大旗的同時，也出現了不同的聲音以及對此的反思。例如，復旦大學教師的趙斌老師對 ChatGPT 的態度就是「打不過就加入」，趙斌老師表示，ChatGPT 會變成他教學中一個非常重要的工具。今年新學期的頭幾節課，他就會告訴學生，我們來學習 ChatGPT。根據趙斌老師的初步想法，他認為學生上完了這節課之後會開始跟 ChatGPT 對話，他們會去瞭解一些新的東西，再把內容整理出來，最後提交一個作業。正如趙斌老師所言：「因為我現在更關注的是，學生提問題的能力，也就是他們上完課之後，將會對機器提出什麼樣的問題，想去瞭解什麼樣的知識，這才是我的重點。」

同樣，香港科技大學就是公開支持與鼓勵學生使用 ChatGPT 的學校之一。香港科技大學在它們的某一門課程中就明確鼓勵學生在期中報

告中使用 ChatGPT，並承諾給予額外加分。該課程的負責人，科大副教授兼高級顧問（創業）黃嶽永認為，ChatGPT 將對未來的學習方式產生深遠和不可逆轉的影響，它能提升學生的知識深度和創造力，並呼籲教育界儘快實踐其應用和討論其影響。

事實上，任何一項新技術，尤其是革命性的技術出現，都會引發爭論。就好比汽車的出現曾經就引發了馬車夫的強烈反對。而客觀來看，人工智慧時代是一種必然的趨勢，只是 GPT 讓我們想像中的人工智慧時代離我們更近了。在我們很多人還沒有準備好迎接的情況下，一下子就來了，並且能夠真正幫助我們處理工作，不僅是能幫助我們處理工作，還能處理地比我們人類更好。這必然會引發一些人反對。但是不論我們是反對，還是我們選擇擁抱，最終都不能改變人工智慧時代的到來。

對於教育領域而言，我們根本不需要擔心 GPT 是否能幫助學生寫作業，或者是否能幫助學生寫論文這種事情。尤其是對於應試教育而言，如果只是將孩子培養成知識庫與解題器，那麼我們跟人工智慧這種基於大數據資料庫競爭就完全是一種錯誤。

很顯然地，擁抱 GPT，並且在教學中讓其成為學生知識獲取的輔助工具，這能在最大的程度上解放教師的填鴨式與照本宣科式的教學工作量，而讓老師有更多的時間思考如何進行啟發式與創新思維的培養。面對人工智慧時代，如果我們繼續抱著標準化試題、標準化答案的方式進行教育訓練，我們就會成為第一次工業革命時代的那群馬車夫。

3.1.6 當 GPT 勇闖金融圈

2023 年，GPT 的熱潮襲捲了各行各業，其中也包括金融行業。當然，在 GPT 之前，人工智慧技術早已被應用於金融行業，而 GPT 的出現，則為人工智慧在金融行業的應用多添了一把火。

比如，2023 年 3 月 14 日，OpenAI 在發布 GPT-4 時公布了 6 個使用案例，其中就包括了摩根士丹利財富管理部門（MSWM）運用 GPT-4 來組織調動其面向客戶的知識庫。當時，摩根士丹利表示自己是「目前唯一一家提前獲得 OpenAI 新產品的財富管理戰略客戶」，也是「少數 GPT-4 發布組織之一」。摩根士丹利財富管理部門將使用 GPT-4「獲取、處理和合成內容，以洞察公司、行業、資產類別、資本市場和世界各地地區的方式，吸收其資管自身廣泛的智力資本」。

作為財富管理領域的領導者，摩根士丹利維護著一個金融資料庫，其中包含數十萬頁涵蓋投資策略、市場研究和評論以及分析師見解的知識和洞見。這些大量的資訊分布在許多內部網站上，主要以 PDF 形式呈現，需要顧問們瀏覽大量資訊才能找到特定問題的答案。

從 2022 年開始，摩根士丹利就開始探索如何利用 GPT 的嵌入和檢索功能來利用其金融資料庫 —— 首先是 GPT-3，然後是 GPT-4。該模型將驅動一個面向內部的聊天機器人，在財富管理內容中執行全面搜尋，並有效地釋放 MSWM 累積的知識。

2023 年 5 月，摩根大通則提交了一款名為「IndexGPT」的產品申請。文件明確指出，IndexGPT 使用了以 ChatGPT 為代表的人工智慧技術，該行計畫使用由 GPT 模型驅動的人工智慧。摩根大通透過 AI 驅動的大語言模型，學習解讀央行官員話中透露的訊號，來預測利率政策出現變化的可能時間點。AI 程式根據學習結果編制了一套「鷹鴿指數」。

這套指數已 0~100 分來計分，0 分代表央行的態度最為鴿派（即可能採取降息等寬鬆政策），100 分代表央行的態度最為鷹派（即可能採取加息等緊縮政策）。摩根大通經濟學家洛普頓在報告中寫道，「初步結論顯示，AI 預測的結果令人鼓舞，但我們相信 AI 技術在金融市場上的運用還遠未到成熟的黃金期，未來仍有很大的進步空間。」

此外，Two Sigma 是一家總部位於美國的量化對沖基金公司，擁有超過 2000 名員工，管理超過 500 億美元的資產。Two Sigma 利用 ChatGPT 分析財務報表和新聞內容，以識別潛在的投資機會和風險，透過利用 ChatGPT 的自然語言處理能力和大規模語料庫，Two Sigma 可以自動化地分析大量的資料，並從中提取有用的資訊，以更好地瞭解公司業績和市場趨勢，並作出更明智的投資決策。

2023 年 6 月 7 日，全球領先的金融科技公司布羅德里奇（Broadridge）子公司 LTX 宣布，透過 GPT-4 打造了 BondGPT，主要用於幫助客戶回答各種與債券相關的問題，增強 10.3 萬億美元的美國公司債券市場的流動和價格發現。現在，BondGPT 已經投入使用。

Broadridge 創立於 2007 年，專為銀行、券商、資產管理公司等金融機構提供技術解決方案。Broadridge 總部位於美國紐約，在中國香港、倫敦、東京、新加坡、多倫多等 21 個國家 / 地區展開業務，員工數量超過 1.4 萬人，年收入超過 50 億美元，市值達 180 億美元。為了增強 ChatGPT 的輸出準確性和滿足金融業務場景需求，LTX 將 Liquidity Cloud 中的即時債券資料，輸入到 GPT-4 大語言模型中，協助金融機構、對沖基金等簡化債券投資流程以及提供投資組合建議。

比如，投資者可以提問：有哪些收益率在 5%~8% 之間的汽車債券，2030 年後到期？在過去 30 天的時間，哪些電信債券收益最高？近

5 年，哪些零售企業的債券收益最高？ BondGPT 則會回答符合需求的公司名字、利率、價格、發布日期、到期日期、債券評級等資訊。可以說，在能力方面全面走在了我們人類財富管理顧問之上。

GPT 在金融行業的應用還有很多，幾乎全球範圍內各大金融機構都對此進行了嘗試，而隨著 GPT 和基於 GPT 開放的 AI 金融工具的深入應用，或許很快地，我們就能看到金融行業的變革。

▍3.1.7　GPT 通過司法考試

GPT 正在走進法律行業，其中，通過司法考試就是 GPT 走進法律行業的第一步。

美國大多數州統一的司法考試（UBE），有三個組成部分：選擇題（多州律師考試，MBE）、作文（MEE）、情景表現（MPT）。選擇題部分，由來自 8 個類別的 200 道題組成，通常占整個律師考試分數的 50%。基於此，研究人員對 OpenAI 的 text-davinci-003 模型（通常被稱為 GPT-3.5，ChatGPT 正是 GPT-3.5 面向大眾的聊天機器人版本）在 MBE 的表現進行評估。

為了測試實際效果，研究人員購買了官方組織提供的標準考試準備教材，包括練習題和模擬考試。每個問題的正文都是自動提取的，其中有四個多選選項，並與答案分開儲存，答案僅由每個問題的正確字母答案組成，也沒有對正確和錯誤的答案進行解釋。隨後，研究人員分別對 GPT-3.5 進行了提示工程、超參數優化以及微調的嘗試。結果發現，超參數優化和提示工程對 GPT-3.5 的成績表現有積極影響，而微調則沒有效果。

最終，在完整的 MBE 練習考試中達到了 50.3% 的平均正確率，遠遠超過了 25% 的基線猜測率，並且在證據和侵權行為兩個類型都達到了平均通過率。尤其是證據類別，與人類水準持平，保持著 63% 的準確率。在所有類別中，GPT 平均落後於人類應試者約 17%。在證據、侵權行為和民事訴訟的情況下，這一差距可以忽略不計或只有個位數。但總體來說，這個結果都大幅超出了研究人員的預期。這也證實了 ChatGPT 對法律領域的一般理解，而非隨機猜測。

不僅如此，在佛羅里達農工大學法學院的入學考試中，ChatGPT 也取得了 149 分，排名在前 40%。其中閱讀理解類題目表現最好。

可以說，目前 GPT 雖然並不能完全取代人類律師，但 GPT 正在快速進軍法律行業。科技成果被廣泛應用到法律服務中已經成為不爭的事實，GPT 必然對法律服務業和法律服務市場的未來走向產生深刻影響。

一方面，從「有益」的角度考量，GPT 用得好，律師下班早。在可預期的時間內，伴隨著 GPT 被持續性地餵養大量的法律行業的專業資料，針對簡要的法律服務工作，GPT 將完全可以應對自如。如果律師需要查詢案例或法條，只需要將關鍵字輸入 GPT，就可以立即獲得想要的法條和案例；對於基礎合約的審查，可以讓 GPT 提出初步意見，然後律師再進一步細化和修改；如果需要進行案件中的金額計算，比如交通事故、人身損害的賠償，GPT 也可以迅速提供資料；此外，對於需要校對和翻譯文字、檔案分類、製作視覺化圖表、撰寫簡要的格式化文書，GPT 也可以輕鬆勝任。

也就是說，在法律領域，GPT 完全可以演化成「智慧律師助手」，幫助律師分析大量的法律檔案和案例，提供智慧化的法律建議和指導；可以變成「法律問答機器人」，回答法律問題並提供相關的法律資訊和

建議。GPT 還可以進行合約審核、輔助訴訟、分析法律資料等等，提高法律工作者的效率和準確性。

另一方面，我們需要面對的是，當普通法律服務可以被人工智慧替代時，相應定位的律師就會慢慢地退出市場，這必然會對一部分律師的存在價值和功能定位造成衝擊。顯然，與人類律師相比，AI 律師的工作更為高速有效，而它付出的勞動成本卻較少，因此，它的收費標準也會相對降低。

未來，隨著 GPT 的介入，法律服務市場的供求資訊更加透明，線上法律服務產品的運作過程、收費標準等更加開放，換言之，GPT 在提供法律服務時所具有的方便性、透明性、可操控性等特徵，將會成為吸引客戶的優勢。在這樣的情況下，律師的業務拓展機會、個人成長速度、專業護城河的建構都會受到非常大的影響。

要知道，傳統的律師服務業是一個「以人為本」的行業，服務主體和服務物件是以人為主體。當 GPT 在律師服務中主導一些簡單案件的解決時，律師服務市場將會形成服務主體多元化的現象，人類律師的工作和功能將被重新定義和評價，法律服務市場的商業模式也會發生改變。而對於司法這樣一個規則性與標準性非常清晰的領域，未來基於 GPT 的司法也將會更加有效地保障法治的公平、公正性，GPT 法官在不久的將來將會成為可能。

▌ 3.1.8 掀起醫療革命

現今，GPT 已經成為醫療領域一項革命性的技術，不管是輔助診斷，還是醫藥研發，GPT 都展現出令人興奮的應用前景。

從輔助診斷到醫療服務

在醫療領域，不管是 ChatGPT，還是 GPT-4 都展現出了不輸於人類的醫療水準。

美國執業醫師資格考試以高難度而為人所知，而美國研究人員測試後卻發現，聊天機器人 ChatGPT 無需經過專門訓練或加強學習就能通過或接近通過這項考試。參與這項研究的研究人員主要來自美國醫療保健初創企業安西布林健康公司（AnsibleHealth）。他們在美國《科學公共圖書館·數字健康》雜誌中表示，他們從美國執業醫師資格考試官網 2022 年 6 月發布的 376 個考題中篩選掉和圖像有關的問題，讓 ChatGPT 回答剩餘的 350 個題目。這些題目類型多樣，既有要求考生依據已有資訊給患者下診斷的開放式問題，也有諸如判斷病因等等的選擇題。最後由兩名評審人員負責閱卷評分。

結果顯示，在三個考試部分，去除模糊不清的回答後，ChatGPT 得分率在 52.4% 到 75% 之間，而得分率 60% 左右即可視為通過考試。其中，ChatGPT 有 88.9% 的主觀回答包括「至少一個重要的見解」，即見解較新穎、臨床上有效果且並非人人能看出來。研究人員認為，「在這個出了名難考的專業考試中達到及格分數，並且在沒有任何人為強化（訓練）的前提下做到這一點」，這是人工智慧在臨床醫學應用方面「值得注意的一件大事」，顯示「大型語言模型可能有輔助醫學教育、甚至臨床決策的潛力」。

除了通過醫學考試，ChatGPT 的問診水準也得到了業界的肯定。《美國醫學會雜誌》（JAMA）發表研究性簡報，針對以 ChatGPT 為代表的線上對話人工智慧模型在心血管疾病預防建議方面的使用合理性進

行探討，表示 ChatGPT 具有輔助臨床工作的潛力，有助於加強患者教育，減少醫生與患者溝通的障礙和成本。

過程中，根據現行指南對 CVD 三級預防保健建議和臨床醫生治療經驗，研究人員設立了 25 個具體問題，與疾病預防概念、風險因素諮詢、檢查結果和用藥諮詢等相關。每個問題均向 ChatGPT 提問 3 次，記錄每次的回覆內容。每個問題的 3 次回答都由 1 名評審員進行評定，評定結果分為合理、不合理或不可靠，3 次回答中只要有 1 次回答有明顯醫學錯誤，可直接判斷為「不合理」。

結果顯示，ChatGPT 的合理概率為 84%（21/25）。僅從這 25 個問題的回答來看，線上對話人工智慧模型回答 CVD 預防問題的結果較好，具有輔助臨床工作的潛力，有助於加強患者教育，減少醫生與患者溝通的障礙和成本。

2023 年 9 月，ChatGPT 甚至幫助一名在 3 年內求醫 17 位專家均無果的 4 歲男孩找出病因。這名 4 歲男孩在一次運動後，身體開始劇痛。母親前後帶她看了 17 名醫生，從兒科、骨科到各種專家，先後進行了 MRI 等一系列檢查，但沒有一個人能找出真正病因。他的母親原先不抱著太大希望來求助 ChatGPT，ChatGPT 卻根據描述和檢查報告，直接給出了正確的建議。GPT-4 出來後，也有網友在網路上分享用它成功診斷了自家狗狗的一種病例。

目前，已經有許多公司根據 GPT 研發相關的醫療應用軟體。比如，總部位於美國的 Viz.ai 利用 GPT-3 模型開發了一款名為 Viz LVO 的軟體，該軟體可以幫助醫生在病患中風緊急情況下快速識別和定位血栓。總部位於美國的 Caption Health 利用 GPT 模型，開發了一款名為 Caption Guidance 的軟體，該軟體可以自動分析超音波圖像並提供診斷

建議。總部位於美國的 PathAI 利用 GPT 模型，開發了一款名為 PathAI 的軟體，該軟體可以自動分析組織切片圖像，提供腫瘤診斷和預測。HealthReveal 是一家使用機器學習和自然語言處理技術來提供醫療診斷的公司，他們使用 GPT 等自然語言處理技術來理解患者的病歷和症狀，並提供個性化的診斷建議。

ChatGPT 不僅能夠幫助尋醫問診，還能在醫療服務中發揮作用。事實上，在全球範圍內，醫生工作的很大一部分時間都花在繁雜的文書工作和行政任務上，這壓縮了醫生與患者進行更重要的病情診斷和溝通的時間。在 2018 年美國的一項調查研究中，70% 的醫生表示他們每週在文書工作和行政任務上花費 10 個小時以上，其中近三分之一的人花費了 20 個小時或更長時間。

而 2023 年 2 月 6 日，英國知名的聖瑪麗醫院的兩名醫生在《刺胳針》期刊上發表的評論文章指出，「醫療保健是一個具有很大的標準化空間的行業，特別是在文件方面，我們應該對這些技術進步做出反應。」其中，「出院小結」就被兩名醫生認為是 ChatGPT 一個很典型的應用，因為它們在很大程度上是標準化的格式。ChatGPT 在醫生輸入特定資訊的簡要說明、需要詳細解釋的概念及醫囑後，在幾秒鐘內即可輸出正式的出院摘要。這個過程的自動化可以減輕低醫生的工作負擔，讓他們有更多時間為患者提供服務。

當然，對於醫療行業來說，目前的 GPT 還不夠完美，根本原因就是機器幻覺仍未解決 —— GPT 可能會出現提供的資訊不準確，甚至有胡編亂造的現象，這使得 GPT 在醫療這個專業門檻很高的行業中應用時需要更加審慎。但無論如何，GPT 都已經打開了一個全新的 AI 醫療應用階段。未來，當科學家們掃清了 GPT 落地的一切障礙時，我們

將看到網際網路醫療的時代將會被加速開啟，任何一個人都可以藉助
GPT 來實現線上問診。並且基於強大的診療資料庫，以及龐大的最新
的醫學知識的訓練，GPT 可以做到比一般醫生更為專業、客觀的診斷
建議，並且可以實現即時的多用戶同步診斷。

GPT 在製藥的應用

除了在就醫問診方面發揮作用，GPT 還有望推動疾病與藥物研究
的革新。對於醫藥研發來說，ChatGPT 代表了兩大要素：第一是以自然
語言為媒介打破了以往電腦 + 生命科學的對話模式及門檻；第二則是
深度生成模型為生物醫藥帶來新的活力，提升研發效率與品質。

通常一款藥物的研發可以分為藥物發現和臨床研究兩個階段。

在藥物發現階段，需要科學家先建立疾病假說，發現靶點，設計
化合物，再展開臨床前研究。而傳統藥品企業在藥物研發過程中則必須
進行大量模擬測試，研發週期長、成本高、成功率低。根據《自然》資
料，一款新藥的研發成本大約是 26 億美元，耗時約 10 年，而成功率
則不到十分之一。其中，僅發現靶點、設計化合物環節就障礙重重，包
括苗頭化合物篩選、先導化合物優化、候選化合物的確定、合成等，每
一步都面臨較高的淘汰率。

發現靶點方面，所謂識別靶點，也就是藥物在體內的結合位置，
而對於傳統藥物研發來說，發現靶點往往需要透過不斷的實驗篩選，從
幾百個分子中尋找有治療效果的化學分子。此外，人類思維有一定趨同
性，針對同一個靶點的新藥，有時難免結構相近、甚至引發專利訴訟。
最後，一種藥物，可能需要對成千上萬種化合物進行篩選，即便這樣，
也僅有幾種能順利進入最後的研發環節。從 1980 年到 2006 年，儘管

每年的投資高達 300 多億美元，但是平均而言研究人員每年仍然只能找到 5 種新藥。其中關鍵的問題就在於發現靶點的複雜性。

要知道，多數潛在藥物的靶點都是蛋白質，而蛋白質的結構，即 2D 氨基酸序列折疊成 3D 蛋白質的方式決定了它的功能。一個只有 100 個氨基酸的蛋白質，已經是一個非常小的蛋白質了，但就是這麼小的蛋白質，可以產生的可能形狀的種類依然是一個天文數字。這也正是蛋白質折疊一直被認為是一個即使大型超級電腦也無法解決的難題的原因。然而，人工智慧卻可以透過挖掘大量的資料集來確定蛋白質鹼基對與它們的化學鍵的角之間的可能距離 —— 這正是蛋白質折疊的基礎。

生命科學領域非常著名的風險投資機構 Flagship Pioneering 因孵化出莫德納（Moderna）公司而聞名全球，其創始人、MIT 生物工程專業博士努巴・阿費揚（Noubar Afeyan）在對 2023 年的展望中就寫道，人工智慧將在本世紀改變生物學，就像生物資訊學在上個世紀改變生物學一樣。

努巴・阿費揚指出，機器學習模型、計算能力和資料可用性的進步，讓以前懸而未決的巨大挑戰正在被解決，並為開發新的蛋白質和其他生物分子創造了機會。2023 年，他的團隊在 Generate Biomedicines 上發表的成果就表明，這些新工具能夠預測、設計並最終生成全新的蛋白質，其結構和折疊模式經過逆向工程，來編碼實現所需的藥用功能。

當藥物研發經歷藥物發現階段，成功進入臨床研究階段時，也就進入了整個藥物批准程式中最耗時且成本最高的階段。臨床試驗分為多階段進行，包括臨床 I 期（安全性），臨床 II 期（有效性），和臨床 III 期（大規模的安全性和有效性）的測試。傳統的臨床試驗中，招募患者成本很高，資訊不對稱是需要解決的首要問題。CB Insights 的一項調查

顯示，臨床試驗延後的最大原因來自人員招募環節，約有 80% 的試驗無法按時找到理想的試藥志願者。但這一問題對於人工智慧卻輕而易舉，比如，人工智慧可以利用技術手段從患者醫療記錄中提取有效資訊，並與正在進行的臨床研究進行匹配，從而很大程度上簡化了招募過程。

在製藥領域，早在 2019 年，研究人員發表在 ACS Central Science 上的一篇論文中就描述了如何使用 GPT 相關技術識別新的抗菌藥物。該研究表明，GPT 在藥物發現中的應用可以幫助藥物研發人員更快速、高效地開發新的化合物。劍橋大學的研究人員已經利用 ChatGPT 確定了一個治療阿茲海默症的新靶點；舊金山加利福尼亞大學的研究人員也透過 ChatGPT 分析電子健康記錄，識別了現實環境中存在的潛在藥物間相互作用關係。

2023 年，不少 AI 製藥公司都將 ChatGPT 問答的方式加入到自己的研發平台中，比如晶泰科技的 ProteinGPT。晶泰科技自主開發了大分子藥物 De novo 設計平台 XuperNovo®，該平台包含了一系列大分子藥物從頭設計策略，其中一款策略在內部被稱為「ProteinGPT」，其技術路線與 ChatGPT 相似，可以一鍵生成符合要求的蛋白藥物。

當然，距離 GPT 真正用於製藥可能還有很多需要研究和探索的地方，但總體而言，基於龐大的資料進行學習的 GPT 已經有不輸於人類的學習能力。假以時日，GPT 可能就可以真正幫助研發新藥，尤其對於靶向藥物的開發，將會因為 GPT 的介入而大幅提升速度，並且會大幅降低成本。

■ 3.1.9 手機裡的心理醫生

一直以來，科學家們都在設法實現心理治療的智慧化，尤其是隨著人工智慧和智慧手機的發展 —— 開發者建構了數千個程式，讓人們能獲取輕鬆裝入口袋的類似心理治療。一項統計顯示，2021 年大概推出了 1~2 萬個心理健康手機程式。但就很多程式而言，支援它們有用的證據卻很單薄。GPT 的誕生，給這一問題帶來了轉機。發表在《英國醫學雜誌》旗下期刊《家庭醫學與社群健康上的一項研究發現，在遵循抑鬱症治療標準方面，ChatGPT 能比醫生做得更好，而且不存在醫患關係中常見的性別或身份偏見。換句話說，在診斷抑鬱症方面，ChatGPT 能給出比大部分（甚至可能是全部）心理醫生更準確的判斷。

這項研究由英國和以色列研究人員聯合進行的，他們將人工智慧工具對輕度和重度抑鬱症病例的評估，與 1249 名法國初級保健醫生的評估進行了比較，最終得出的結論。研究人員先是根據近三周內出現悲傷、睡眠問題和食欲不振症狀、並被診斷為輕度至中度抑鬱症的患者的基本情況，製作成八種不同版本的小插圖。然後對 ChatGPT 3.5 和 4 版本進行測試。

測試過程中，研究人員會把每個小插圖重複 10 次，並詢問 ChatGPT 在遇到不同情況時，初級保健醫生應該提出什麼建議，並提供了 5 個備選：警惕地等待；轉診心理治療；處方藥（治療抑鬱 / 焦慮 / 睡眠問題）；轉診心理治療加處方藥；這些都不是。

結果顯示，對於輕度的病例，只有不到 5% 的醫生，會根據臨床指導專門推薦病人進行心理治療，大多數醫生建議進行藥物治療（48%）或心理治療加處方（32.5%）。而 ChatGPT 3.5 和 GPT-4 分別在 95% 和 97.5% 的病例中選擇了進行心理治療這一選項。在嚴重病例中，大

多數醫生建議心理治療加處方藥（44.5%）。ChatGPT 比醫生更頻繁地提出這一點──ChatGPT 3.5 有 72%，GPT-4 則達到了 100%，更符合臨床指南的要求。值得一提的是，在參與研究的 10 個醫生中，有 4 個醫生建議只開處方藥，而兩個版本的 ChatGPT 都沒有做出這個選擇。

綜觀整個研究，ChatGPT 尤其是 GPT-4，在調整治療方案以符合臨床指南方面，表現出更高的準確性。

研究人員還表示，在 ChatGPT 系統中，沒有發現與性別和社會經濟地位相關的可識別的偏見。而作為人類的心理醫生，則很難保證自己在做出診斷時能完全不會受社會偏見的影響。

雖然 GPT 在實際心理治療中的應用仍處於摸索階段，但其在提高心理諮詢可及性方面已經顯示出了巨大的潛力，把心理醫生裝進手機的未來離我們不再遙遠。

▌ 3.1.10　科研領域的新生產力

2023 年，GPT 的熱潮也波及到了科學研究領域。要知道，科學的發展是一個不斷猜想、不斷檢驗的過程。在科學研究當中，研究者需要先提出假設，然後根據這個假設去構造實驗、蒐集資料，並透過實驗來對假設進行檢驗。在這個過程中，研究者需要進行大量的計算、模擬和證明，與此同時，還有大量的文書工作需要完成。而在幾乎每一個步驟當中，人工智慧都有很大的用武之地。

事實上，在 ChatGPT 剛走紅時，國際頂級期刊《自然》就連發兩篇文章討論 ChatGPT 及生成式 AI 對於學術領域的影響。《自然》表示，由於任何作者都承擔著對所發表作品的責任，而人工智慧工具無法做到這點，因此任何人工智慧工具都不會被接受為研究論文的署名作

者。文章同時指出，如果研究人員使用了有關程式，應該在方法或致謝部分加以說明。

《科學》期刊則是直接禁止投稿使用 ChatGPT 生成文字。2023 年 1 月 26 日，《科學》透過社群軟體宣布他們更新了編輯政策，強調不能在作品中使用由 ChatGPT（或任何其他人工智慧工具）所生成的文字、數字、圖像或圖形。社論特別強調，人工智慧程式不能成為作者。如有違反，將構成科學不端行為。

但趨勢已經擺在眼前，後來發生的事實證明，科研領域確實無法拒絕 GPT。

一方面，GPT 可以提高學術研究基礎資料的查詢和整合效率，比如一些審查工作可以交由 GPT 快速完成，研究人員就能更加專注於實驗本身。現今，GPT 已經成為了許多學者的數位助手，計算生物學家 Casey Greene 等人就用 GPT 來修改論文。只要 5 分鐘，GPT 就能審查完一份手稿，甚至連參考文獻部分的問題也能發現。還有神經生物學家 Almira Osmanovic Thunström 覺得，語言大模型可以被用來幫學者們寫經費申請，科學家們能節省更多時間出來。當然，GPT 在現階段僅能做有限的資訊整合和寫作，但無法代替深度、原創性的研究。因此，GPT 可以反向激勵學術研究者展開更有深度的研究。

面對 GPT 在學術領域發起的衝擊，我們不得不承認的一個事實是，在人類世界當中，有很多工作是無效的。比如，當我們無法辨別文章是機器寫的還是人寫的時候，說明這些文章已經沒有存在的價值了。而 GPT 正是推動學術界進行改變創新的推動力，GPT 能夠瓦解那些形式主義的文字，包括各種報告、大多數的論文，人類也能夠透過 GPT 創造出真正有價值和貢獻的研究。

另一方面，GPT 還可以成為科研領域的直接生產力。例如，在 2023 年 6 月，紐約大學坦登工程學院的研究人員就透過 GPT-4 生產了一個晶片。

具體來說，GPT-4 透過來回對話，就生成了可行的 Verilog —— 晶片設計和製造中非常重要的一部分程式碼。隨後研究人員將基準測試和處理器發送到 Skywater 130 nm 穿梭機上成功流片（tapeout），而根據 GPT-4 所設計的晶片方案進行生產之後，獲得的結果是一個完全符合商業標準的產品。要知道，一直以來，晶片產業就被認為是門檻高、投入大、技術含量極高的領域。在沒有專業知識的情況下，人們是無法參與晶片設計的，但 GPT 卻史無前例地做到了。

這意謂著，在 GPT 的幫助下，晶片設計行業的大難題 —— 硬體描述語言（HDL）將被攻克。因為 HDL 程式碼需要非常專業的知識，對很多工程師來說，想要掌握它們非常困難。如果 GPT 可以替代 HDL 的工作，工程師就可以把精力集中在攻關更有用的事情上。晶片開發的速度將大幅加快，並且晶片設計的門檻也被大幅降低，沒有專業技能的人都可以設計晶片了。

2023 年 12 月，CMU 和 Emerald Cloud Lab 的研究團隊還基於 GPT-4 開發了一種全新自動化 AI 系統 —— Coscientist，它可以設計、編碼和執行多種反應，完全實現了化學實驗室的自動化。實驗評測中，Coscientist 利用 GPT-4，在人類的提示下檢索化學文獻，成功設計出一個反應途徑來合成一個分子。

更令人震驚的是，Coscientist 在短短 4 分鐘內，一次性複現了諾貝爾獎研究。具體來說，全新 AI 系統在 6 個不同任務中呈現了加速化學研究的潛力，其中包括成功優化「鈀催化偶聯反應」。

目前，科學家仍在在積極探索 GPT 在科研上的應用前景，從藥物篩選、材料研發到機器人開發、設計晶片，從微觀體系到宏觀預測，這些領域的各個難題正在被 GPT 逐步解決。在人工智慧的推動下，下一個科學大爆發的時代，已經不再遙遠。

3.2 為機器人裝上 GPT 大腦

儘管機器人的發展歷史已久，但一直以來，受制於包括人工智慧技術在內的各項技術，機器人都沒有得到什麼真正的突破，不僅物理軀體不靈活，智慧大腦也並不智慧。而 ChatGPT 的爆發，卻給了機器人一個新的機會，如今 GPT 的出現，機器人正在迎來發展的新篇章。

▌3.2.1 GPT 為機器人帶來了什麼？

事實上，雖然機器人從更早幾年就可以算是進入智慧時代了，比如最具有代表性的就是 2016 年，哈薩比斯聯合開發的 AI 程式 AlphaGo 問世，擊敗了頂尖的人類專業圍棋選手韓國棋手李世乭，凸顯了人工智慧快速擴張的潛力。但隨後幾年的發展大家也是知道的，簡單來說，就是不溫不火。

在 ChatGPT 技術獲得突破之前，人工智慧除了在特定的解構蛋白方面有了明顯的突破之外，在其他的一些領域並沒有預期中的突破。

因為從根本上來說，智慧演算法在類人語言邏輯層面並沒有真正的突破，這就使得基於智慧演算法的機器人和智慧依舊沒有什麼關係，

依然停留在大數據統計分析層面，超出標準化的問題，機器人就不再智慧，而變成了「智障」。

可以說，在 GPT 出現之前，市場上的機器人在很大程度上還只能做一些資料的統計與分析，包括一些具有規則性的讀聽寫工作，所擅長的工作就是將事物按不同的類別進行分類，與理解真實世界的能力之間，還不具備邏輯性、思考性。

因為人體的神經控制系統是一個非常奇妙系統，是人類幾萬年訓練下來所形成的，而此前的機器人不論是在單純的思考性方面，還是在與機器人硬體的協調控制方面，都還只是處於起步階段。也就是說，在 ChatGPT、GPT-4 這種生成式語言大模型出現之前，我們所有的人工智慧技術，從本質上來說還不是智慧，只是基於深度學習與視覺識別的一些大數據檢索而已。

但 GPT 卻為機器人應用和發展打開了新的想像空間。作為一種大型預訓練語言模型，ChatGPT 的出現標誌著自然語言處理技術邁上了新台階，標誌著人工智慧的理解能力、語言組織能力、持續學習能力更強，也標誌著 AIGC 在語言領域取得了新進展，生成內容的範圍、有效性、準確度大幅提升。

ChatGPT 整合了人類回饋強化學習和人工監督微調，因此，具備了對上下文的理解和連貫性。在對話中，它可以主動記憶先前的對話內容，即上下文理解，從而更好地回應假設性的問題，實現連貫對話，提升我們和機器互動的體驗。簡單來說，就是 GPT 具備了類人語言邏輯的能力，這種特性讓 ChatGPT 能夠在各種場景中發揮作用。比如，給 ChatGPT 一個話題，它就可以寫小說框架。除此之外，ChatGPT 還能有效地遮罩敏感資訊，並在無法回答某些內容時提供相關建議。

　　事實上，對於機器人來說，GPT 為機器人帶來最核心的進化就是對話理解能力，即具備與擁有了類人的語言邏輯能力。這在過去我們是無法想像的，我們幾乎想像不到有一天基於矽基的智慧能夠真正被訓練成功，不僅能夠理解我們人類的語言，還可以以我們人類的語言表達方式與人類展開交流。

▌3.2.2　向真正的智慧進發

　　當然，現今 GPT 還不具備，或者說本質上還未達到我們人類的這樣一種閱讀與文字理解能力，因為它的背後還是基於強大的演算法，還是基於電腦對於 0 和 1 的編碼為基礎的一種運算識別機制。但是這種機制已經具備了相當的理解準確性與邏輯性，這也正是 GPT 讓我們感到意外的地方，就是基於強大的運算能力，它已經具備了相當程度的理解能力和學習能力。

　　當我們給它提供一段文字，一篇文章的時候，它就能夠從中非常快速的總結與提煉出要點，並且這些學習與理解的能力與速度，遠超我們人類的能力。就像我們人類的思考和學習一樣，比如，我們能夠透過閱讀一本書來產生新穎的想法和見解，人類發展到現今，已經從世界上吸收了大量資料，這些資料以不可估量、無數的方式改變了我們大腦中的神經連接。而 GPT 也能夠做類似的事情，並有效地引導它們自己的智慧。

　　可以預期，以 GPT 比人類更為強大的學習能力，再結合參數與模型的優化，GPT 將很快在一些專業領域成為專家級水準，它們的進化速度也會超越我們的想像。而能夠理解自然語言、具備自主進化能力的 GPT 接入機器人，就解決了機器人的一個非常核心的問題，那就是智慧大腦。

　　2023 年 4 月，ChatGPT 的母公司 OpenAI 領投挪威機器人公司 1X Technologies（以前稱為 Halodi Robotics），這是 OpenAI 在 2023 年第一次領投機器人相關項目。1X 果然也不負 OpenAI 的期望，在一場機器人比賽中，1X 出品的 EVE，擊敗了特斯拉的 Optimus 機器人。而其中，EVE 機器人的部分軟體功能就是由 ChatGPT 提供支援，也就是說將 ChatGPT 實體化，已經應用在現實場景中了，並且展現出不弱的實力。

　　同一個月，人工智慧專家 Santiago Valdarrama 還發布了接入 ChatGPT 的機器狗 Spot，並在 X（Twitter）上分享了他與改造版 Spot 互動的影片。接入 ChatGPT 後，Spot 最大的變化就是聽得懂人話，並且能夠和使用者用自然語言交流。在示範影片中，Santiago 演示了一個場景，他跟 Spot 說因為它太礙事導致房間太擁擠了，叫它往後稍稍，話音剛落，Spot 就理解了 Santiago 的意思，往後退了幾步。當 Spot 在回答人類問題時，它的身體也會隨著語句的內容和語調一起擺動。當問到一些「Yes Or No」的簡單問題時，它還會用「點頭」「搖頭」等身體語言代替語音來回答。

　　要知道，過去操作 Spot 需要用類似無人機的大型遙控器或者用電腦輸入複雜的指令，在結束工作後，還會產生大量的資料，只有最專業的技術人員才能從這些資料中分析出問題。而現在 ChatGPT 的加入賦予了 Spot 強大的自然語言理解能力，動動嘴就能與機器人互動。當機器人的操作門檻變低之後，機器人的使用場景就會隨之變得豐富起來。

　　此外，2023 年底，東京大學和日本 Alternative Machine 公司發布了由 GPT-4 驅動的人形機器人 Alter3。無需寫程式，也不用進行訓練，只拿 GPT-4 當腦子，這個人形機器人就能做出非常多的動作。命令

Alter3 假扮成鬼，它就能一秒入戲，張大嘴巴、雙手前伸。要求它自拍，Alter3 也能馬上來個大頭照，不知道是不是被相機裡的自己醜到，Alter3 的表情並不享受，反而痛苦似地將自己眼睛閉了起來。在這個影片 Demo 中，Alter3 還能像人類一樣表現喝茶動作。

這就意謂著，目前對實現機器人最大的制約，已經不在於智慧大腦，而是在於物體軀體的靈活性方面。當智慧大腦和物理軀體都獲得了突破，並實現商業化應用的時候，也就意謂著真正的人機協同時代全面到來。

3.3 AI Pin，一場瘋狂的實驗

在 2023 年 GPT 發展大事件中，AI Pin 一定是一個破圈的存在。

2023 年 11 月 9 日，初創公司 Humane 發布了 AI Pin 的資訊 ——一款可以掛在衣服上的 AI 設備。憑藉特殊的可穿戴產品形態，以 GPT-4 作為核心驅動，加上前 Apple 高層主管親自帶領，OpenAI 創始人奧特曼、微軟、高通等投資背景，初創企業 Humane 首款硬體產品 AI Pin 一鳴驚人，全球吸睛無數。

很快，「顛覆 iPhone」、「智慧手機終結者」、「AI 時代的新 iPhone」等評論紛至沓來，甚至在還沒正式開賣的情況下，《時代雜誌》就直接把它評為「2023 年最佳的 200 項發明之一」。AI Pin 的發布到底有什麼特殊意義？ AI Pin 真的會顛覆 iPhone 嗎？

3.3.1　別在衣服上的 AI Pin

先來認識一下 AI Pin —— 一款轟動世界的 AI 硬體產品，或稱可穿戴設備。推出這產品的是一家名叫 Humane 的美國公司，公司聯合創始人分別為 Bethany Bongiorno 和 Imran Chaudhri，兩人均為 Apple 的前員工，分別負責 Apple 產品線軟體系統、產品設計等工作，而包括微軟、OpenAI 等巨頭都是 Humane 的投資者。

AI Pin 由兩部分組成，一個是方形的設備，另一個是可透過磁性吸附在衣服或其他表面的電池組：方形設備重達 36 克，電池組重達 20 克（圖 3-7）。設備總共重量約莫相當於一顆網球的重量。AI Pin 看起來小巧輕便，就像一枚徽章一樣，可以別在包包、衣服等任何你想得到的地方。根據介紹，出去帶上它玩個兩三天，也都完全不用擔心續航力。

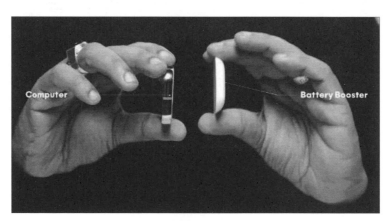

圖 3-7

Chaudhri 表示，他穿戴 AI Pin 已經有一年多，每天從起床到睡覺都會帶著它。不僅在劇烈活動下還能保持良好狀態，騎車時也能帶著它。在測試中，這個設備在跑步和跳躍時都還依舊牢固，而且在各種表

面上都進行了 1.5 米的摔落測試。AI Pin 有三種顏色，Eclipse（日蝕）、Equinox（破曉）、Lunar（月光）。後兩款帶有銀色邊框，售價為 799 美元（圖 3-8）。

圖 3-8

並且，有別於以往的智慧手機、電腦、手錶、XR 眼鏡，AI Pin 沒有螢幕，它是採用單色投影的方式，將虛擬畫面投影在手上，使用者可以透過觸控、語音、手勢等多種人機對話模式來操作。

AI Pin 主要用到的其實就是設備前面的觸控板和語音操控。單指輕點觸控板喚醒設備，像接聽電話、調節音量這些基礎功能，只需要按一下、滑動這些簡單的動作就能操作，雙指點擊還能拍照、錄影。

一些比較複雜的功能，直接用語音操控就可以實現，Humane 將設備的語音助手命名為 Ai Mic，比如想聽歌時，只需要單指長按住說出需求。如果想看螢幕，也可以用語音喚醒雷射投影，攤開手掌就是一個顯示幕。手掌傾斜就能夠控制游標的方向，放音樂的時候，手掌左傾、右傾就是前、後切歌。想要暫停，只需要向下傾斜，選中播放按鈕，然後再用拇指、食指輕輕一捏（圖 3-9）。

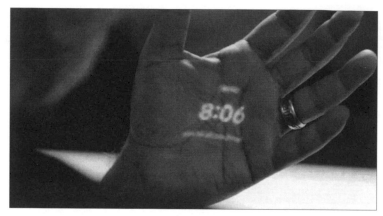

圖 3-9

當然，最關鍵的，還是 AI Pin 搭載了官方自家研發的 COSMOS 作業系統，並支援存取 GPT，可以將使用者提出的問題等內容自動查詢 GPT 並提供答案，因此設備無需使用協力廠商 APP，這不僅讓 AI Pin 成了市面上為數不多的大語言模型 AI 硬體，同時還擁有多項功能的基礎。我們只要把自己的資料導入 AI Pin，無論想做什麼，AI Pin 幾乎都能替我們完成。

例如，我們可以讓 AI Pin 打電話給自己的好友，或者讓它發通知告訴好友自己今晚會晚點到。其中，撰寫內容就是用大模型來完成的，AI Pin 在寫好之後還會問我們是否批准。如果不滿意，我們可以對 AI Pin 多加一些要求，它會再根據要求來補充修改。AI Pin 還能充當我們的私人助理，直接語音喚出它就會跟我們彙報我們想瞭解的事情的進展。

AI Pin 利用多模態大模型能力，可以識別食物、書本等物體，提供營養成分（食物）、價格（書本）等資訊。在展示影片中，當問到 AI Pin 下次一日蝕／月蝕是什麼時候，以及最佳的觀賞點是哪裡？它會自行上網

搜尋,並以語音方式回答:「最近的一次日蝕是 2024 年 4 月 8 日,最佳
觀賞點在澳大利亞的 Exmouth 城市和 East-Timor」。甚至在大模型的多模
態能力的幫助下,AI Pin 還能化身營養師指導我們每天該吃什麼食物。
像是隨手抓一把杏仁,詢問它手中的這些杏仁裡含了多少蛋白質,AI Pin
可以立即給出答案。或者,我們隨手拿起一本書,它也能準確識別這是
什麼書,並把書裡講了什麼,以及網路上的價格都告訴我們。

此外,AI Pin 還支援即時翻譯,兩位使用者面對面對話,AI Pin 可
將雙方不同語言進行即時翻譯並輸出,提升交流效率;由於產品即時聯
網,AI Pin 還可以根據個人喜好,為使用者推薦音樂和餐廳。

當然,AI Pin 的設計者們也考慮到了隱私問題,AI Pin 的頂部有個
「信任燈」(圖 3-10),我們在在做不同的事它都會變不同的顏色,比
如拍照是綠色,打電話是紅色等等。

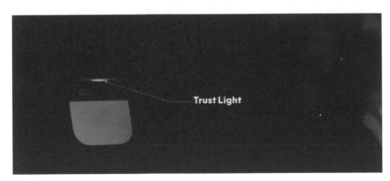

圖 3-10

從售價來看,AI Pin 其實並不便宜,除了購買設備的 699 美元一次
性費用以外,每個月還得額外付 24 美元訂閱費用購買 AI 功能 —— 事
實上,AI Pin 真正的「靈魂」,正是來自 OpenAI 一個月 24 美元的 GPT
服務。

▍3.3.2 AI Pin 是一個嘗試和開始

AI Pin 一經發布，市場上就掀起了討論和熱潮，很多人都說 AI Pin 會顛覆 Apple 與華為，顛覆整個手機產業，就連 Humane 公司自己也表示，這是手機之後的下一代人與數字世界的互動工具。

作為一款創新產品，不管 AI Pin 會不會顛覆 Apple 與華為，會不會顛覆整個手機產業，AI Pin 帶來的兩方面的影響至少是確定的：

一方面，AI Pin 發布吹響了 AI 硬體衝鋒的新號角，像 AI Pin 這樣的 AI 智慧終端機，有望重構未來的邊緣 AI 設備，從而成為大模型落地的重要載體。所謂邊緣 AI 設備，就是指嵌入式系統或智慧終端機，可以在設備本地執行 AI 演算法而無需依賴雲端計算。

現今我們最熟悉的邊緣 AI 設備就是智慧手機，智慧手機通常配備強大的處理器和專用的神經網路加速器（例如 AI 晶片），可以在本地對語音辨識、圖像識別、自然語言處理等 AI 任務進行處理，而無需將資料傳輸到雲端進行處理。這種在設備本地執行 AI 任務的能力使得智慧手機可以更快速、更安全地回應用戶需求，並且降低對網路的依賴。

而現在，AI Pin 有望進一步推動邊緣 AI 設備的發展，使其在性能、功耗、體積等方面實現更大的突破和提升。這將為 AI 技術在各個行業的應用提供更為廣闊的空間，促進智慧化技術在日常生活和工作中的普及和深入應用。因此可以說，AI Pin 的發布不僅僅是一次產品發布，更代表了 AI 硬體領域的新進展和未來發展方向的重要標誌。

另一方面，作為新一代 AI 助手，AI Pin 也對下一代對話模式產生了深刻的影響。AI Pin 採用了更先進的語言理解和多模態處理技術，使它們能夠像人類一樣同時理解語音和視覺資訊。這種技術的突破使得

AI Pin 不只能簡單回答問題，還可以根據圖像內容進行互動，實現真正自然的人機對話。這種互動模式的出現顛覆了過去單一的語音對話模式，使得與 AI 助手的互動更加直觀、便利。

隨著 AI 技術的不斷發展，可以預期未來人類與智慧設備之間的互動會變得越來越自然、智慧和便捷，這可能會導致傳統的設備類別被重新定義和重構。手機、AI 助手、擴增實境（XR）設備、筆記型電腦等設備可能會透過高度的融合，演變為基於 AI 的智慧終端機形態。這些智慧終端機可以根據我們的位置、場景和需求自動調整互動模式，為我們提供個性化、智慧化的服務。

未來，AI 助手將成為我們生活中不可或缺的一部分，它們將深度理解我們的需求，並提供最適合的幫助。我們將生活在一個智慧無所不在的環境中，可以透過語音、手勢甚至意念與智慧設備自由交流。

現在 AI Pin 無論是爆紅還是乏人問津，其實都在情理之中，AI Pin 想要真正進入消費市場，被消費者們普遍接受或許還要經歷諸多考驗。但 AI Pin 出現的意義毋庸置疑，就像 Humane 的創始人在發布會結尾說的：AI Pin 只是一個嘗試和開始。

Note

4

Sora 問世，
創造現實

4.1 | 引起全球關注的 Sora

2024 年 2 月 15 日，Open AI 發布了第一個文生影片模型 —— Sora，能夠生成一分鐘的高畫質影片，一石激起千層浪。畢竟在 2023 年年初，ChatGPT 給人們帶來的震撼仍歷歷在目，這才過去了一年，OpenAI 又打開了新局面。

事實上，根據文字生成影片這類的應用，在過去也出現過，現今有許多剪輯軟體也附帶這種功能，但 Sora 的呈現仍然驚豔，許多人在看過 OpenAI 發布的樣片後也直呼「炸裂」、「史詩級」。

不愧是 OpenAI，一推出就掀起熱議。目前儘管 Sora 仍處於開發早期階段，但它的推出已經標誌著人工智慧又迎來了一個里程碑。

對於我們人類而言，要將一段文字，透過圖片或者影片的方式精準的表達出來，如果沒有經過的專業的訓練都無法實現。比如我們要繪畫一種風格，或是設計一副廣告，在缺乏專業美術與設計訓練的情況下，我們是很難讓這種圖像具有美感，很難將一段文字精準的抽象成藝術的表現方式。而 Sora 對於文字的精準理解，以及高畫質、精準的藝術抽象表達，再次讓我們看到了人工智慧在機器智慧方面的進步。

▌ 4.1.1　從模擬現實到創造現實

相比同類型的文生影片應用，Sora 就是「現象級」的存在，Sora 的驚豔主要表現在三個方面：「創造現實」、「60 秒超長長度」和「單影片多角度鏡頭」。

如果要用一句話來形容 Sora 帶給人們的震撼，那就是「以前不相信是真的，現在不相信是假的」，意思就是 Sora 擁有「創造現實」的能力，OpenAI 官方公布了數十個範例影片，就充分展示了 Sora 在這一方面的強大能力。人物的瞳孔、睫毛、皮膚紋理，都逼真到看不出一絲破綻，真實性與以往的 AI 生成影片是史詩級的提升，AI 影片與現實的差距，更難辨認。

比如，對 Sora 輸入以下文字：「一位時尚的女士穿著黑色皮夾克、長紅裙和黑色靴子，手拿黑色手袋，在東京一條燈光溫暖、霓虹燈閃爍、帶有動感城市標誌的街道上自信而隨意地行走。她戴著太陽鏡，塗著紅色口紅。街道潮濕而有反光效果，色彩繽紛的燈光彷彿在地面上創造了鏡面效果。許多行人在街上來往。」

圖 4-1

Sora 就能直接生成影片，無論是人物臉上的雀斑，還是水中的倒影都顯得極為逼真，就連人物臉上的墨鏡裡還有街景的映射，整個影片看下來簡直像是真實拍攝而不是 AI 生成。Sora 生成的影片裡，物體運動軌跡也很自然，畫面的清晰度和順暢度，都像是我們用攝影器材拍出來。

可以說，之前的 AI「文生影片」都還是在「模擬現實」，而 Sora 則是「創造現實」。區別在於，前者是對現實的模仿，難以捕捉現實世界的物理規則、動態變化。但 Sora 則是在虛擬世界裡，建構另外一種現實。其學習的不僅是像素與畫面，還有現實世界的「物理規律」。

舉個例子，我們如果在下過雨或者有水的地面上行走，水面會反射出我們的倒影，這是現實世界的物理規則，Sora 生成的影片，就能做到「反射出水面的人的倒影」。但之前的 AI 文生影片工具，則需要不斷的調校，才能產出較為逼真的影片。

並且，之前主流的 AI 生成影片都在 4 到 16 秒，而且還「卡頓地像幻燈片動畫」，而 Sora 彎道超車，直接將時長拉到 60 秒，後者的畫面表現，已經媲美影片素材庫，放進影片當空鏡完全可行。1 分鐘的長度也完全可以應對短影片的創作需求。而從 OpenAI 發表的文章看，如果需要，超過 1 分鐘毫無任何懸念。

此外，Sora 還可以生成的影片還具有單影片多角度鏡頭的特點。影片的多角度鏡頭，也就是多機位是指使用兩台或兩台以上攝影機，對同一場面同時作多角度、多方位的拍攝。多機位拍攝可使觀眾能夠從多個不同的角度觀看畫面，給人身臨其境的感覺。它展現空間更全面、視點更細膩、角度更開放、長度更自由，給觀眾帶來全方位、多角度的觀賞體驗。

要知道，目前的 AI 文生影片應用，都是單鏡頭單生成。一個影片裡面，有多角度的鏡頭，主體還能保證完美的一致性，這在以前，甚至在 Sora 誕生之前，都是無法想像的，但現在 Sora 做到了。Sora 可以在單個生成的影片中建立多個鏡頭，準確地保留角色和視覺風格。

除了用文字生成影片，Sora 還支援影片到影片的編輯，包括往前擴展，向後擴展。Sora 可以從一個現有的影片片段出發，透過學習其視覺動態和內容，生成新的幀來擴展影片的時長。這意謂著，它可以製作出多個版本的影片開頭，每個開頭都有不同的內容，但都平滑過渡到原始影片的某個特定點。同樣地，Sora 也能夠從影片的某個點開始，向前生成新的幀，從而擴展影片至所需的長度。這可以創造出多種結局，每個結局都是從相同的起點開始，但最終導向不同的情景。Sora 模型的時間擴展功能為影片編輯和內容創作提供了前所未有的靈活性和創造性。它不僅能夠生成無限循環的影片，還能夠按照創作者的意圖製作出具有特定結構和風格的影片作品。

此外，如果對 Sora 生成影片的局部（比如背景）不滿意，直接更換就可以了。Sora 的影片編輯不僅提高了編輯的效率和準確性，還為使用者創造了無限的可能性，使他們能在不需要專業影片編輯技能的情況下，實現複雜和創意的影片效果。

Sora 甚至還可以拼接完全不同的影片，使之合二為一、前後連貫。透過插值技術，Sora 就可以在兩個不同主題和場景的影片之間建立無縫過渡。Sora 的這些功能極大地擴展了影片編輯的可能性，使得創作者能夠更加自由地表達自己的創意，同時也為影片編輯領域帶來了新的技術和方法。

> **說明** 插值是對原圖像的像素重新分布，從而來改變像素數量的一種方法。「插值」程式會自動選擇資訊較好的像素作為增加、彌補空白像素的空間，而並非只使用臨近的像素，所以在放大圖像時，圖像看上去會比較平滑、乾淨。簡單來說，插值技術就是對圖像的自動提取、優化與生成。

當然，Sora 也可以生成高品質的圖片。Sora 的圖像生成能力是透過在時間範圍為一幀的空間網格中排列高斯雜訊塊來實現的。這種方法允許模型生成各種尺寸的圖像，解析度高達 2048×2048。Sora 的圖像生成能力也展示了其在視覺創作領域的強大潛力，在落地應用方面可滿足不同場景和需求。

▌ 4.1.2 力壓群雄的 Sora

在 Sora 誕生之前，AIGC 領域已經出現了許多文生影片的相關應用 —— 頭部大模型研發商幾乎都擁有自己的文生影片大模型，例如 Google 的 Lumiere 以及 Stability AI 的 SVD（Stable Video Diffusion），甚至已經誕生了垂直於多媒體內容創作大模型的獨角獸，比如 Runway 和 Pika。

與許多「拿著鎚子找釘子」式的「技術驅動型」大模型創業團隊不同，Runway 的三名創始人 Valenzuela、Alejandro Matamala 和 Anastasis Germanidis 來自於紐約大學藝術學院，他們看到了「人工智慧在創造性方面的潛力」，於是決定共商大計，開發一套服務於電影製作人、攝影師的工具。

Runway 先開發了一系列細分到不能再細分的專業創作者輔助工具，針對性地滿足影片幀插值、背景去除、模糊效果、運動追蹤、音訊整理等需求；隨後參與圖像生成大模型 Stable Diffusion 的開發過程，累積 AIGC 在靜態圖像生成方面的技能點，並獲得了參與《媽的多重宇宙》等大片製作的機會 —— 在《媽的多重宇宙》裡，許多複雜的特效製作就是由 Runway 完成的。

2023 年 2 月，Runway 發布第一代產品 Gen-1，普通使用者已經能透過 iOS 設備進行免費體驗，範圍除了「真實圖像轉黏土」、「真實圖像轉素描」這些濾鏡式的功能，還包含了「文字轉影片」，從而使得 Gen-1 成為了首批投入商用的文生影片大模型；2023 年 6 月，他們發布了第二代產品 Gen-2，訓練量上升到了 2.4 億張圖像和 640 萬段視訊短片。

2023 年 8 月，在 B 站（嗶哩嗶哩）上爆紅、全球網路播放量超過千萬、獲得郭帆按讚的 AIGC 作品《流浪地球 3》預告片正是基於 Gen-2 製作。

根據作者「數位生命卡茲克」在個人社群媒體上的分享，整段影片的製作大體分為兩部分 —— 由 Midjourney 生成分鏡圖，再由 Gen-2 擴散為 4 秒的影片片段，最終獲得 693 張素材圖、185 支備用剪輯片段，耗時 5 天。半年之後，「數位生命卡茲克」再次透過「MJ V6 畫分鏡 -Runway 跑影片」製作了一段 3 分鐘的故事短片《The Last Goodbye》，投稿參賽 Runway Studios 所組織的第二屆 AI 電影節 Gen48。

文生影片領域的競爭者還有很多，Pika 是 Runway 之外另一個影片生成賽道上的佼佼者。Pika Labs 成立於 2023 年 4 月，同年 11 月發布首個產品 Pika 1.0。Pika1.0 能夠生成和編輯 3D 動畫、動漫、卡通和電影，並且普通使用者還可以對其進行加工，被視為一款零門檻「影片生成神器」。

PixVerse 是一款基於人工智慧技術的影片生成工具，可以將包括圖像、文字和音訊的多模態輸入轉化為影片。PixVerse 提供自訂選項，可以為生成的影片添加獨特的藝術風格，確保個性化結果。

Morph Studio 則是市面上首個開放給公眾自由測試的文字轉影片生成工具，支援 1080P 高解析畫質，能製作出長達 7 秒的影片片段，生成的影片畫面細膩、光影效果較佳。業內玩家常拿來與 Pika 對比，認為在語意理解方面 Morph Studio 的表現優於 Pika。此外 Morph Studio 可以實現變焦、平移（上下左右）、旋轉（順時針或逆時針）等多個攝影機鏡頭運動的靈活控制。

此外，文生影片領域還有 Stable VideoMeta 的 Emu Video 等。但不管是哪一款 AI 影片生成工具，不論之前有多風光，在 Sora 面前都不值得一提。

自從 Sora 公開後，有海外的部落客已經對幾家公司的產品做了對比。他給 Sora、Pika、Runway 和 Stable Video 四個模型輸入了相同的 Prompt。結論是，Sora 在生成時長、連貫性等方面都有顯著的優勢。特別是生成時長部分，對比其他的 AI 模型，Pika 是 3 秒，Runway 是 4 秒，Sora 生成的影片目前可以達到 60 秒，而且解析度十分高，影片中基本物理現象也比較吻合，在 AI 影片生成領域，Sora 已經成為一枝獨秀的存在。

▋ 4.1.3　每個影片都能挑出錯

Sora 的訊息一經發布，就引起了市場的熱議，佔據了 AI 領域話題中心。

馬斯克在社交平台 X 上的各網友評論區活躍，四處留下「人類願賭服輸（gg humans）」「人類藉助 AI 之力將創造出卓越作品」等評論。

圖 4-2

AI 文生影片 Runway 聯合創始人兼 CEO Cristóbal Valenzuela 感慨，以前需要花費一年的進展，變成了幾個月就能實現，又變成了幾天、幾小時。

圖 4-3

出門問問創始人李志飛在朋友圈感嘆：「LLM ChatGPT 是虛擬思維世界的模擬器，以 LLM 為基礎的影片生成模型 Sora 是物理世界的模擬器，物理和虛擬世界都被建模和模擬了，到底什麼是現實？」

網路安全公司奇虎 360 創辦人周鴻禕發了一條長微博和一個影片，預言 Sora「可能給廣告業、電影預告片、短影片行業帶來巨大的顛覆，但它不一定那麼快擊敗 TikTok，更可能成為 TikTok 的創作工具」，認為 OpenAI「手裡的武器並沒有全拿出來」、「中國跟美國的 AI 差距可能還在加大」、「AGI 不是 10 年 20 年的問題，可能一兩年很快就可以實現」。

這些評論也讓我們看到了業界對於 Sora 的肯定，事實上，如果仔細觀看 OpenAI 發布的範例影片，也會發現 Sora 生成的一些錯誤，比如，當 Sora 輸入的文字是「一個被打翻了的玻璃杯濺出液體來」時，顯示的是玻璃杯融化成桌子，液體跳過了玻璃杯，但沒有任何玻璃碎裂效果。再比如，從沙灘裡突然挖出來一個椅子，而且 Sora 認為這個椅子是一個極輕的物質，以至於可以直接飄起來。

這一方面證明了 Sora 的「清白」—— 正如 OpenAI 在發布 Sora 的部落格文章下方特意強調其展示的所有影片示範均由 Sora 生成的，確實是只有 AI 才會在生成影片裡犯這樣的錯誤。另一方面，這些奇怪的鏡頭，也說明 Sora 雖然能力驚人，但水準仍然還有進化的餘地。

不過，雖然 Sora 是文生影片領域最晚出場的應用，但就算是錯漏百出，Sora 也已經在時長、逼真度等方面甩開同行一條街。這也是為什麼 Sora 的每個影片都能挑出錯誤但依然火爆、依然有許多業界專家為其站台的原因。

更重要的是，Sora 讓我們看到了現今 AI 不可思議的進化速度，要知道，看起來並不聰明、只支援生成「4 秒影片生成」並且「掉幀明顯到像幻燈片」的 Gen-2 是 2023 年 6 月發布的產品，而 8 個月後的現在，Sora 就發布了。而 2023 年 11 月，Meta 發布的影片生成大模型

Emu Video 看起來在 Gen-2 上更進一步，能夠支援 512×512、每秒 16 幀的「精細化創作」，但 3 個月之後的 Sora 已經能夠做到生成任意解析度和長寬比的影片，並且根據上面提到的開發者技術論文，Sora 還能夠執行一系列圖像和影片編輯任務，從建立循環影片到即時向前或向後延伸影片，再到更改現有影片背景等 —— 當然，這也是 OpenAI 在大模型領域超強實力的又一次證明。

可以說，Sora 的發布，是 AI 領域石破天驚的大事件。如果說技術的發展是有跡可循的，那麼技術的突破節點卻真是無法預測了。誰也沒想到，在 ChatGPT 才誕生一年後，在運算能力還受到不同程度的制約情況下，Sora 就這樣橫空出世了，這也讓很多人更加期待 GPT-5 的發布，人類社會可能真的要變天了。

4.2 | Sora 技術報告全解讀

毋庸置疑，Sora 是人工智慧領域的一次重大突破，Sora 已經向我們展示了 AI 在理解和創造複雜視覺內容方面的先進能力 —— Sora 的出現，預示著一個全新的視覺敘事時代的到來，它能夠將人們的想像力轉化為生動的動態畫面，將文字的描述轉化為視覺的盛宴。但除了感慨 Sora 的強悍，另一個許多人都在關心的問題就是 —— Sora 這麼強，到底是怎麼做到的？

▌ 4.2.1　Sora= 擴散模型 +Transformer

對於 Sora 的工作原理，OpenAI 發布了相關的技術報告，標題就是「作為世界模擬器的影片生成模型」。就這篇技術報告的標題而言可以看到，OpenAI 對於 Sora 的定位是世界模擬器，也就是為真實世界建模，模擬各種現實生活的物理狀態，而不僅僅是一個簡單的文生影片的工具。也就是說，Sora 模型的本質，是透過生成虛擬影片，來模擬現實世界中的各種情境、場景和事件。

Research

Video generation models as world simulators

We explore large-scale training of generative models on video data. Specifically, we train text-conditional diffusion models jointly on videos and images of variable durations, resolutions and aspect ratios. We leverage a transformer architecture that operates on spacetime patches of video and image latent codes. Our largest model, Sora, is capable of generating a minute of high fidelity video. Our results suggest that scaling video generation models is a promising path towards building general purpose simulators of the physical world.

圖 4-4

技術報告裡提到，這一研究嘗試在大量影片資料上訓練影片生成模型。研究人員在不同持續時間、解析度和縱橫比的影片和圖像上聯合訓練了以文字為輸入條件的擴散模型。同時，引入了一種 Transformer 架構，該架構對影片的時空序列包和圖像潛在編碼進行操作。其中，最頂尖的模型 —— 也就是 Sora，已經能夠生成最長一分鐘的高畫質影片，這標誌著影片生成領域取得了重大突破。研究結果表明，透過擴大影片生成模型的規模，有望建構出能夠模擬物理世界的通用模擬器，這無疑是一條極具前景的發展道路。

再簡單一點來說，Sora 就是一個基於擴散模型，再加上 Transformer 的視覺大模型 —— 這也是 Sora 的創新所在。

　　事實上，在過去的十年，圖像和影片生成領域有著巨大的發展，出現了多種不同架構的生成方法，其中，生成式對抗網路（GAN）、StyleNet 框架路線、Diffusion 模型（擴散模型）路線以及 Transformers 模型路線是最突出的四種技術路線。

　　生成式對抗網路（GAN）由兩部分組成 —— 生成器和鑑別器。生成器的目標是創造出看起來像真實圖片的圖像，而鑑別器的目標是區分真實圖片和生成器產生的圖片。這兩者相互競爭，最終生成器會學會產生越來越逼真的圖片。雖然 GAN 生成圖像的擬真性很強，但是其生成結果的豐富性略有不足，即對於給定的條件和先驗知識，它生成的內容通常十分相似。

　　StyleNet 框架路線是基於深度學習的方法，使用神經網路架構來學習鍵入語言和圖像或影片特徵間的關係。透過學習樣式和內容的分離，StyleNet 能夠將不同風格的圖像或影片內容進行轉換，實現風格遷移、圖像 / 影片風格化等任務。

　　Diffusion 模型（擴散模型）路線則是一種透過添加雜訊並學習去噪過程來生成資料的方法。透過連續添加高斯雜訊來破壞訓練資料，然後透過學習反轉的去噪過程來恢復資料，擴散模型就能夠生成高品質、多樣化的資料樣本。舉個例子，假如我們現在有一張小狗的照片，我們可以一步步給這張照片增加噪點，讓它變得越來越模糊，最終會變成一堆雜亂的噪點。假如把這個過程倒過來，對於一堆雜亂無章的噪點，我們同樣可以一步步去除噪點，把它還原成目標圖片，擴散模型的關鍵就是學會逆向去除噪點。擴散模型不僅可以用來生成圖片，還可以用來生成影片。比如，擴散模型可以用於影片生成、影片去噪等任務，透過學習資料分布的方式生成逼真的影片內容，提高生成模型的穩定性和魯棒性。

Transformers 模型路線我們已經很熟悉了，Transformers 模型就是一種能夠理解序列資料的神經網路類型，透過自注意力機制來分析序列資料中的關係。在影片領域，Transformers 模型可以應用於影片內容的理解、生成和編輯等任務，透過對影片幀序列進行建模和處理，實現影片內容的理解和生成。相比傳統的循環神經網路，Transformers 模型在長序列建模和平行計算方面具有優勢，能夠更好地處理影片資料中的長期依賴關係，提升生成品質和效率。

Sora 其實採用的就是 Diffusion 模型（擴散模型）路線和 Transformers 模型路線的結合 —— Diffusion Transformer 模型，即 DiT。

基於擴散模型和 Transformer 結合的創新，Sora 首先將不同類型的視覺資料轉換成統一的視覺資料表示（視覺 Patch），然後將原始視訊壓縮到一個低維潛在空間，並將視覺表示分解成時空 Patch（相當於 Transformer Token），讓 Sora 在這個潛在空間裡進行訓練並生成影片。接著做加噪去噪，輸入雜訊 Patch 後，Sora 透過預測原始「乾淨」Patch 來生成影片。

OpenAI 發現，訓練計算量越大，樣本品質就會越高，特別是經過大規模訓練後，Sora 展現出模擬現實世界某些屬性的「湧現」能力。這也是為什麼 OpenAI 把影片生成模型稱作「世界模擬器」，並表示持續擴展影片模型是一條模擬物理和數位世界的希望之路。

▋ 4.2.2　用大模型的方法理解影片

與過去的任何 AI 影片生成應用都不同，Sora 最大的特點就是引入了大模型的方法來理解，這也是 Sora 為什麼會成功的原因。

　　具體來看，Sora 的影片生成過程是一個精細複雜的工作流程，主要分為三個主要步驟：視訊壓縮網路、時空補丁提取，以及影片生成的 Transformer 模型。

　　視訊壓縮網路是 Sora 處理影片的第一步，它的任務是將輸入的影片內容壓縮成一個更加緊湊、低維度的表示形式。這一過程類似於將一間雜亂無章的房間打掃乾淨並重新組織。我們的目標是，用盡可能少的盒子裝下所有東西，同時確保日後能快速找到所需之物。在這個過程中，我們可能會將小物件裝入小盒子中，然後將這些小盒子放入更大的箱子裡。這樣，我們就可以用更少、更有組織的空間儲存了同樣多的物品。視訊壓縮網路正是遵循這一原理。它將一段影片的內容「打掃和組織」成一個更加緊湊、高效的形式（即降維），旨在捕捉影片中最為關鍵的資訊，同時去除那些對生成目標影片不必要的細節。這不僅大幅提高了處理速度，也為接下來的影片生成打下了基礎。那麼，Sora 是怎麼做的呢？

　　這裡我們需要知道一個概念，那就是塊（Patches），塊有點類似於大語言模型中的 Token，塊指的是將圖像或影片幀分割成的一系列小塊區域。這些塊是模型處理和理解原始資料的基本單元。對於影片生成模型而言，塊不僅包含了局部的空間資訊，還包含了時間維度上的連續變化資訊。模型可以透過學習塊與塊之間的關係來捕捉運動、顏色變化等複雜視覺特徵，並基於此重建出新的影片序列。這樣的處理方式有助於模型理解和生成影片中的連貫動作和場景變化，從而實現高品質的影片內容生成。

　　只不過，OpenAI 又在塊的基礎上，將其壓縮到低維度潛在空間，再將其分解為「時空塊」（Spacetime Patches）。

　　其中，潛在空間是指一個高維資料透過某種數學變換（例如編碼器或降維技術）後所映射到的低維空間，這個低維空間中的每個點通常對應於原始高維資料的一個潛在表示或抽象特徵向量。本質上，潛在空間，就是一個能夠在複雜性降低和細節保留之間達到近乎最優的平衡點，極大地提升了視覺真實度。

　　時空塊則是指從影片幀序列中提取出的、具有固定大小和形狀的空間 - 時間區域。相較於塊而言，時空塊強調了連續性，模型可以透過時空塊來觀察影片內容隨著時間和空間的變化規律。為了製造這些時空塊，OpenAI 訓練了一個網路，即視訊壓縮網路，用於降低視覺資料的維度。這個網路接受原始影片作為輸入，並輸出一個在時間和空間上都進行了壓縮的潛在表示。Sora 在這個壓縮後的潛在空間中進行訓練和生成影片。同時，OpenAI 也訓練了一個相應的解碼器模型，用於將生成的潛在向量映射回像素空間。

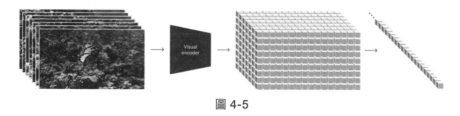

圖 4-5

　　經過視訊壓縮網路處理後，Sora 接下來會將這些壓縮後的影片資料進一步分解為所謂的「空間時間補丁」。這些補丁可以視為構成影片的基本元素，每一個補丁都包含了影片中一小部分的空間和時間資訊。這一步驟使得 Sora 能夠更細緻地理解和操作影片內容，並在之後的步驟中能進行針對性處理。

最後一步，基於 Transformer 的模型，Sora 會根據給定的文字提示和已經提取的空間時間補丁，開始生成最終的影片內容。在這個過程中，Transformer 模型會決定如何將這些單元轉換或組合，包括「塗改」初始的雜訊影片，逐步去除無關資訊，添加必要細節，最終生成與文字指令相匹配的影片。透過數百個漸進的步驟，Sora 能夠將這段原本看似無意義的雜訊影片轉變為一個精細、豐富且符合使用者指令的影片作品。

透過這三個關鍵步驟的協同工作，Sora 就能夠將文字提示轉化為具有豐富細節和動態效果的影片內容。而 Sora 最先進也最具創新的地方就在於融合了 Diffusion 模型（擴散模型）和 Transformer 模型，透過基於 DALL-E 的擴散模型和基於 GPT 的大模型組合，Sora 不用預測序列中的下一個文字，而是預測序列中的下一個「Patch」。這意謂著 Sora 是基於「塊」，而非整個影片進行訓練的，有點類似 GPT 用 Token 處理文字一樣處理影片，因此，Sora 可以高效處理更多的資料，輸出品質也會更高。

▍4.2.3　物理世界的「湧現」

Transformer 結構是目前主流大模型的基礎結構，而 Sora 選擇擴散 +Transformer 的 DiT 結構，除了有強大的運算能力支援之外，也體現出了 OpenAI 整個團隊對大模型和其湧現能力的深刻認識。

正如 OpenAI 在技術報告裡提到的，在長期的訓練中，OpenAI 發現 Sora 不僅能夠生成視覺上令人印象深刻的影片內容，而且還能模擬複雜的世界互動，展現出驚人的三維一致性和長期一致性。這些特性共同賦予了 Sora 在影片內容創作中的巨大優勢，使其成為一個強大的工具，能夠在各種情境下創造出既真實又富有創意的視覺作品。

　　所謂三維一致性指的是 Sora 能夠生成動態視角的影片。同時隨著視角的移動和旋轉，人物及場景元素在三維空間中仍然保持一致的運動狀態。這種三維一致性不僅增加了生成影片的真實感，也極大地擴展了創作的可能性。無論是環繞一個跳舞的人物旋轉的攝影機視角，還是在一個複雜場景中的平滑移動，Sora 都能夠以高度真實的方式再現這些動態。

　　值得一提的是，這些屬性並非透過為三維物體等添加明確的歸納偏好而產生 —— 它們純粹是規模效應的現象。也就是說，是 Sora 自己根據訓練的內容，判斷出了現實世界中的一些物理客觀規律，某種程度上，人類如果僅僅是透過肉眼觀察，也很難達到這樣的境界。

　　並且，在生成長影片內容時，維持影片中的人物、物體和場景的一致性是一項巨大挑戰。Sora 展示了在影片的多個鏡頭中準確保持角色的外觀和屬性的能力。這種長期一致性確保了即使在影片持續時間較長或場景變換頻繁的情況下，影片內容也能保持邏輯性和連續性。比如，即使人物、動物或物體被遮擋或離開畫面，Sora 仍能保持這些元素存在於視線外，等到視角轉換到能看到他們的時候，再將這些內容展現出來。同樣的，它能夠在單個樣本中生成同一角色的多個鏡頭，並在整個影片中保持其外觀的一致性。

　　Sora 的模擬能力還包括模擬人物與環境之間的互動，這些微不足道的細節，卻極大地增強了影片內容的沉浸感和真實性。透過精細地模擬這些互動，Sora 能夠創造出既豐富又具有高度真實感的視覺故事。

　　基於這些特性，才有了 OpenAI 的結論，即影片生成模型是建構通用物理世界模擬器的一條有前景的道路。Sora 目前所展現的能力也確實表明，它是能透過觀察和學習來瞭解物理規律的。人工智慧能理解物

理世界的規律，並能夠生成影片，來模擬物理世界 —— 這在過去，是
人們不敢想像的。

▌ 4.2.4　Sora 模型真的行嗎？

對於 Sora 模型模擬物理世界的路徑到底行不行得通，目前還是存
在爭議的。

當然，Sora 的支持者們是堅定地認為 Sora 未來有望實現資料驅動
物理世界。比如 OpenAI 就認為他們的產品 Sora 是「建構物理世界通用
模擬器的有望路徑」，輝達科學家 Jim Fan 提出「Sora 是一個資料驅動
的物理引擎」。

但客觀來說，Sora 作為一個模擬器還存在著不少侷限性。Sora 在
其生成的 48 個影片 Demo 中留了不少穿幫畫面，比如在模擬基本物理
互動時的準確性仍然不足。從現有的結果來看，它還無法準確模擬許多
基本互動的物理過程，以及其他類型的互動。物體狀態的變化並不總是
能夠得到正確的模擬，這說明很多現實世界的物理規則是沒有辦法透過
現有的訓練來推斷的。在 Jim Fan 看來，目前 Sora 對湧現物理的理解是
脆弱的，遠非完美，仍會產生嚴重、不符合常識的幻覺，還不能很好掌
握物體間的相互作用。

這跟數位孿生還存在著本質上的區別，可以說 Sora 能建構的是一
種模擬模擬世界，而並非真實物理世界的數位化生成與驅動。

在網站首頁上，OpenAI 詳細列出了模型的常見問題，比如在長影
片中出現的邏輯不連貫，或者物體會無緣無故地出現。比如，隨著時間
推移，有的人物、動物或物品會消失、變形或者生出分身；或者出現一

些違背物理常識的畫面，像穿過籃框的籃球、懸浮移動的椅子。如果將這些鏡頭放到影視劇裡或者作為長影片的素材，需要做很多修補工作。

也有一些觀點對 Sora 的生成路徑表示了質疑。比如，一直將「世界模型」作為研究重心的圖靈巨頭楊立昆（Yann LeCun）表示：「僅根據文字提示生成逼真的影片，並不代表模型理解了物理世界。生成影片的過程與基於世界模型的因果預測完全不同」。楊立昆提出，生成模型在文字領域的應用是可行的，因為文字內容是由離散且數量有限的符號組成，結構化程度較高，預測過程中的不確定性相對容易管理。然而，當涉及到更高層次、更多模態時，情況就變得複雜得多。影片包含了豐富的高維連續感官資訊，其中的不確定性會極難預測。對此，楊立昆也提出了自己的解決方案：V-JEPA（Joint Embedding Predictive Architecture，聯合嵌入預測架構）。隨後，Perplexity AI 的首席執行官也表示：Sora 雖然令人驚嘆，但還沒有準備好對物理進行準確的建模。

但不可否認，雖然 Sora 的誕生沒有多麼純粹原創的技術，很多技術成分早已存在，但 OpenAI 卻比所有人都更篤定地走了下去，並用足夠多的資源在巨大的規模上驗證了它 —— 紐約大學助理教授謝賽甯發表多篇推文進行分析，推測整個 Sora 模型可能有 30 億個參數。

Sora 究竟是否真的能夠模擬物理世界還有待時間驗證，但希望已經擺在了我們的眼前。

4.3 | 揭祕 Sora 團隊

　　除了關注 Sora 性能、技術原理外，Sora 團隊成員同樣引人注目。畢竟，對於 Sora 這樣一個震驚世界的 AI 模型，人們也難免好奇，到底是什麼樣的團隊，才能開發出這樣的曠世巨作？

■ 4.3.1　13 人組成的團隊

　　根據 Sora 官網公布的資訊，Sora 的作者團隊一共有 13 位。

Authors	Tim Brooks
	Bill Peebles
	Connor Holmes
	Will DePue
	Yufei Guo
	Li Jing
	David Schnurr
	Joe Taylor
	Troy Luhman
	Eric Luhman
	Clarence Wing Yin Ng
	Ricky Wang
	Aditya Ramesh

圖 4-6

　　Tim Brooks 在 OpenAI 共同領導了 Sora 專案，他的研究重點是開發能模擬現實世界的大型生成模型。Tim 本科就讀於卡內基美隆大學，主修邏輯與計算，輔修電腦科學，期間在 Facebook 軟體工程部門實習了四個月。2017 年，本科畢業的 Tim 先到 Google 工作了近兩年，在 Pixel

手機部門中研究 AI 相機，之後到了柏克萊 AI 實驗室攻就讀博士。在柏克萊就讀博士期間，Tim 的主要研究方向就是圖片與影片生成，他還在輝達實習並主導了一項關於影片生成的研究。回到校園後，Tim 與導師 Alexei Efros 教授和同小組博士後 Aleksander Holynski（目前就職 Google）一起研製了 AI 圖片編輯工 InstructPix2Pix，並入選 CVPR 2023 Highlight。2023 年 1 月，Tim 順利畢業並取得了博士學位，轉而加入 0penAI，並相繼參與了 DALL-E 3 和 Sora 的工作。

共同領導 Sora 專案的另一位科學家 Bill Peebles 與 Tim 師出同門，僅比 Tim 晚 4 個月畢業，Bill Peebles 專注於影片生成和世界模擬技術的開發。Bill Peebles 本科就讀於 MIT，主修電腦科學，參加了 GAN 和 text2video 的研究，還在輝達深度學習與自動駕駛團隊實習，研究電腦視覺。畢業後正式開始就讀博士之前，Bill Peebles 還參加了 Adobe 的暑期實習，研究的依然是 GAN。在 FAIR 實習期間，和現任紐約大學助理教授謝賽甯合作，研發出了 Sora 的技術基礎之一：DiT（擴散 Transformer）。

Connor Holmes 在微軟實習了幾年後成為微軟的正式員工，隨後在 2023 年年底跳槽到了 OpenAI，Connor Holmes 一直致力於解決在推理和訓練深度學習任務時遇到的系統效率問題。在 LLM、BERT 風格編碼器、循環神經網路（RNNs）和 UNets 等領域，他都擁有豐富的經驗。

Will DePue 高中就讀於 Geffen Academy at UCLA，這是一所大學附屬中學，招收 6 至 12 年級的學生。在 12 年級最後一年（相當於高三），Will DePue 在疫情期間創立了自己的公司 DeepResearch，之後被 Commsor 收購。2021 年，Will DePue 畢業於密西根大學，獲得 CS 專業學士學位。2023 年 7 月，他加入 OpenAI。2003 年出生的 Will DePue 也是團隊中最小的一位。

Yufei Guo 雖然沒有留下履歷，但在 OpenAI 的 GPT-4 技術報告和 DALL-E 3 技術報告裡，都有參與並留名。

Li Jing 本科畢業於北京大學，在 MIT 取得了物理學的博士學位，現在的研究領域包括多模態學習和生成模型，曾經參與了 DALL-E 3 的開發。

David Schnurr 在 2012 年加入了後來被亞馬遜收購的 Graphiq，帶領團隊做出了現在 Alexa 的原型。2016 年跳槽到了 Uber，3 年之後加入了 OpenAI 並工作至今。

Joe Taylor 之前的工作經歷涵蓋了 Stripe、Periscope.tv/Twitter、Square 以及自己的設計工作室 Joe Taylor Designer。他在 2004 至 2010 年期間，於舊金山藝術大學（Academy of Art University）完成了新媒體/電腦藝術專業的美術學士（BFA）學位。值得一提的是，在加入 Sora 團隊之前，Joe Taylor 曾經在 ChatGPT 團隊工作過。

Eric Luhman 專注於開發高效和領先的人工智慧演算法，其研究興趣主要在生成式建模和電腦視覺領域，尤其是在擴散模型方面。

Troy Luhman 和 Clarence Wing Yin NG 則相對神祕，並沒有在網路上留有相關資訊。

Ricky Wang 是一名華裔工程師，曾經在 Meta 工作多年，也是 2024 年 1 月才加入了 OpenAI。

Aditya Ramesht 本科就讀於紐約大學，並在楊立昆實驗室參與過一些項目，畢業後直接被 OpenAI 留下。曾經領導過 DALL-E 2 和 DALL-E 3，可以說是 OpenAI 的元老了。

▌ 4.3.2　一個年輕的科技團隊

> "
> 　　Sora 團隊最大的特點就是年輕。
> "

　　團隊中既有本科畢業的「00 後」也有剛從博士畢業的研究人員。其中，身為應屆博士生的 William Peebles 和 Tim Brooks，直接擔任研發負責人直接帶領 Sora 團隊，兩人都畢業於加州大學柏克萊分校人工智慧研究實驗室（BAIR），導師同為電腦視覺領域的頂尖專家 Alyosha Efros。並且，從團隊領導和成員的畢業和入職時間來看，Sora 團隊成立的時間也比較短，尚未超過 1 年。

　　Sora 團隊雖然是一個年輕的團隊，但團隊成員的經歷不容小覷。

　　從 Sora 團隊成員的工作經歷來看，團隊成員大部分來自外部的科技公司，其中人數來源最多的外部公司是科技巨頭 Meta 和亞馬遜，還有來自微軟、Apple、Twitter、Instagram、Stripe、Uber 等知名科技公司以及知名科技雜誌《連線》。

　　與此同時，許多團隊成員也都是參與過 OpenAI 多個項目的「資深老兵」。在 OpenAI 的技術專案中，Sora 團隊成員參與人數最多的是 DALL-E 3 項目，一共有 5 人參與過，占團隊總人數的近 3 成。分別是重點關注開發模擬現實世界的生成式大模型的科學家 Tim Brooks，在微軟工作時以外援形式參與了 DALL-E 3 的推理優化工作的科學家 Connor Holmes，建立了 OpenAI 的文生圖系統 DALL-E 的元老級科學家 Aditya Ramesh，重點關注多模態學習和生成模型的華人科學家 Li Jing 和少有公開資料的華人科學家 Yufei Guo。

其次是 GPT 項目，共有 3 人參與過，占團隊總人數的近 2 成，分別是 Aditya Ramesh、Yufei Guo 以及 2019 年就加入 OpenAI 的高階軟體工程師 David Schnurr，他們分別參與了 GPT3、GPT4 和 ChatGPT 的關鍵技術專案研發。

可以看到，Sora 團隊成員在電腦視覺領域有著深厚的技術累積，特別是近 3 成團隊成員有參與過 DALL-E 專案的研發經驗，這對之後成功研發 Sora 打下了堅實的基礎。此外，團隊研究人員的研究方向大多集中在圖片與影片生成、模擬現實世界的技術開發、擴散模型等視覺模型以及多模態學習和生成模型方面，也為 Sora 的成功奠定了堅實的理論支撐。

Sora 一詞取自日語，意思是天空，寓意著「無限創造潛力」。Sora 團隊正如 Sora 的寓意一樣，不僅對技術有著極致的追求，也充滿了創造力和活力的精神。而 Sora 團隊在人工智慧圖像和影片生成領域的突破，也預示著該團隊將在未來的技術革新中扮演重要角色。

4.4 | 多模態的跨越式突破

> 多模態 AI 正處於爆發前夜。

從 GPT-4 的「驚豔亮相」，到 AI 影片生成工具 Pika 1.0 的「一夜爆紅」，再到 Google Gemini 的「全面領先」，多模態 AI 都是其中的關鍵字。

　　如今 Sora 的發布，更是把多模態帶向了一個新的發展階段。憑藉強悍的處理多種類型資訊的能力，Sora 不僅代表著多模態的跨越式突破，還將進一步拓展人工智慧的應用領域，推動人工智慧向通用化方向發展。

4.4.1　多模態是 AI 的未來

　　多模態並非新概念，早在 2018 年，「多模態」就已經作為人工智慧未來的一個發展方向，成為人工智慧領域研究的重點。

　　多模態，顧名思義就是多種模態。具體來看，「模態」（Modality）是德國理學家赫爾曼・馮・亥姆霍茲提出的一種生物學概念，即生物憑藉感知器官與經驗來接收資訊的通道，人類有視覺、聽覺、觸覺、味覺和嗅覺等模態。從人工智慧和電腦視覺的角度來說，模態就是感官資料，包括最常見的圖像、文字、影片、音訊資料，也包括無線電資訊、光電感測器、觸碰感測器等資料。

　　對於人類來說，多模態是指將多種感官進行融合，對於人工智慧來說，多模態則是指多種資料類型再加上多種智慧處理演算法。舉個例子，傳統的深度學習演算法專注於從一個單一的資料來源訓練其模型。比如，電腦視覺模型是在一組圖像上訓練的，自然語言處理模型是在文字內容上訓練的，語音處理則涉及聲學模型的建立、喚醒詞檢測和噪音消除。這種類型的機器學習就是單模態人工智慧，其結果都被映射到一個單一的資料類型來源。而多模態人工智慧是電腦視覺和互動式人工智慧智慧模型的最終融合，為計算機提供更接近於人類感知的場景。

究其原因，不同模態都有各自擅長的事情，而這些資料之間的有效融合，不僅可以實現比單個模態更好的效果，還可以做到單個模態無法完成的事情。相較於單模態、單任務的人工智慧技術，多模態人工智慧技術，就可以實現模型與模型、模型與人類、模型與環境等多種互動。像是目前熱門的 AIGC，可以透過文字生成圖像甚至影片，就是多模態人工智慧的一個典型應用。此外，輸出多模態資訊的生成任務，比如根據文字描述，自動輸出混合了圖、文、影片內容的展示文稿；跨模態的理解任務，比如自動為影片編配語意字幕；跨模態的邏輯推理任務，比如根據輸入的幾何圖形，給出有關定理的文字證明也都是多模態人工智慧的應用。

目前我們最熟悉的多模態 AI 還是文生圖或者文生影片，但這已經展現了 AI 在整合和理解不同感知模態資料方面的強大潛力。比如，在醫療領域可以透過結合圖像、錄音和病歷文字，提供更準確的診斷和治療方案；在教育領域，將文字、聲音、影片相互結合，呈現更具互動性的教育內容。

展望未來，隨著技術的不斷發展和突破，人工智慧有望在多模態能力上的進一步提升，從而實現更加精準、全面的環境還原，特別是在機器人領域和自動駕駛領域。

在機器人領域，透過強大的多模態 AI 系統，機器人僅憑視覺系統就對現場環境進行快速準確的還原。這種「還原」不僅包括精準的 3D 重建，還可能涵蓋光場重建、材質重建、運動參數重建等方面。透過結合視覺資料和其他感知模態資料（例如聲音、觸覺等），機器人可以更全面地理解周圍環境，從而實現更加智慧、靈活的行為和互動。

在自動駕駛領域，透過結合多模態感知資料，包括視覺、雷達、雷射等，自動駕駛汽車可以即時感知道路、車輛和行人等各種交通參與者，準確判斷交通情況並做出相應的駕駛決策。這將大幅提高自動駕駛汽車的安全性和適應性，使其成為下一代智慧交通的重要組成部分。

另外，AI 的多模態能力還將在娛樂和創意領域展現出巨大的潛力。比如，AI 可以透過觀察一隻小狗的生活影像，為一個 3D 建模的玩具狗賦予動作、表情、體態、情感、性格甚至虛擬生命。這種技術可以為遊戲開發、虛擬實境等領域帶來更加生動和真實的虛擬角色和場景。同時，AI 還可以解釋和轉換動畫片導演用文字描述的拍攝思路，實現場景設計、分鏡設計、建模設計、動畫設計等一系列專業任務。這將極大地提高動畫製作的效率和創意性，為動畫產業帶來新的發展機遇。

不僅如此，多模態能力對於實現真正的通用人工智慧（AGI）也至關重要。顯然，真正的 AGI 必須能像人類一樣即時、高效、準確、符合邏輯地處理這個世界上所有模態的資訊，完成各類跨模態或多模態任務。這意謂著，未來真正的 AGI 必然是與人類相仿的，能夠透過同時利用視覺、聽覺、觸覺等多種感知模態來理解世界，並且能夠將這些不同模態的資訊進行有效整合和綜合。並且，真正的 AGI 需要同時從所有模態資訊中學習知識、經驗、邏輯、方法。

▌4.4.2 多模態的爆發前夜

可以看到，相比單模態，多模態 AI 能夠同時處理文字、圖片、音訊以及影片等多類資訊，與現實世界融合度高，更符合人類接收、處理和表達資訊的方式，與人類對話模式更加靈活，表現的更加智慧，能夠執行更大範圍的任務，有望成為人類智慧助手，推動 AI 邁向 AGI。

在這樣的背景下，科技巨頭也看到了多模態 AI 的價值，紛紛加強對多模態 AI 的投入。

Google 推出了原生多模態大模型 Gemini，可泛化並無縫地理解、操作和組合不同類別的資訊；此外，2024 年 2 月推出 Gemini 1.5 Pro，使用 MoE 架構首破 100 萬極限上下文記錄，可單次處理包括 1 小時的影片、11 小時的音訊、超過 3 萬行程式碼或超過 70 萬個單字的程式碼庫。Meta 堅持大模型開源，建設開源生態鞏固優勢，已陸續開源 ImageBind、AnyMAL 等多模態大模型。

OpenAI 作為多模態領域的領先巨頭，2024 年初以來，OpenAI 就不停透露 GPT-5 相比 GPT-4 將實現全面升級，重點突破語音輸入和輸入、圖像輸出以及最終的影片輸入方向，可能將實現真正多模態。

此外，2024 年 2 月，OpenAI 發布文生影片大模型 Sora 更代表著多模態 AI 的跨越式發展，Sora 能夠根據文字指令或靜態圖像生成 1 分鐘的影片，其中包含精細複雜的場景、生動的角色表情以及複雜的鏡頭運動，同時也接受現有影片擴展或填補缺失的幀，能夠很好地模擬和理解現實世界。Sora 的問世將進一步推動多模態智慧處理技術的發展，為影片內容的生成、編輯和理解等應用領域帶來更多創新和可能性。

從語音辨識、圖像生成、自然語言理解、影片分析，到機器翻譯、知識圖譜等，多模態 AI 都能夠提供更豐富、更智慧、更人性化的服務和體驗。與單純透過自然語言進行互動或輸入輸出相比，多模態應用顯然具備更強的可感知、可互動、可「通感」等天然屬性。特別是基於大模型的多模態 AI，在強大泛化能力基礎上，大模型可以在不同模態和場景之間實現知識的遷移和共用，將大模型的應用擴展到不同的領域和場景。

如果說 2023 年的 GPT 等大語言模型開啟了應用創新的新時代，那麼 2024 年，包括 Sora 在內的生機勃勃的多模態 AI 則會把這一輪應用創新推到又一個高潮。新一輪的變革已經開啟，人類正在朝著通用人工智慧時代堅定地前進。

5

Sora 搶了誰的飯碗？

5.1 | 影視製作，一夜變天

作為一種先進的文生影片模型，Sora 的誕生，在影視製作行業掀起了巨大風暴。

透過 Sora 生成的影片，不僅支援 60 秒一鏡到底，還能看到主角、背景人物，都展現了極強的一致性，同時包含了高度細緻背景、多角度鏡頭，以及富有情感的多個角色。一夜之間，幾乎所有從事影視製作行業的從業者們，不管是導演、編劇，還是剪輯師們都感受到了來自 Sora 的巨大衝擊。

那麼，橫空出世的 Sora 將為影視製作行業帶來怎樣的變化？影視行業，是新一輪失業潮將至，還是迎來「人人都是導演」的新時代？

■ 5.1.1 Sora 並非第一輪衝擊

雖然 Sora 誕生後，很多討論都圍繞「Sora 會顛覆影視行業」展開，但其實 Sora 並不是第一個被認為會顛覆影視行業的生成式人工智慧（AIGC）── AIGC 對影視行業的衝擊，很早之前就已經開始。

顯然，Sora 不是第一個專注於文生影片技術的大模型，在 Sora 誕生之前，AIGC 就已經在影片領域取得了顯著的突破和進步。

比如，Meta 發布的 Make-A-Video 透過配對文字圖像資料和無關聯影片片段的學習，成功地將文字轉化為生動多彩的影片。這個成果不僅加速了文字轉影片模型的訓練過程，還消除了對配對文字轉影片資料的

需求。其生成的影片在美學多樣性和創意表達上達到了新的高度，為內容創作者提供了強大的工具。

Runway AI 影片生成器則以其易用性和高效性而受到廣泛關注。透過簡單的介面操作，使用者就能快速建立出專業品質的影片作品。其自動同步影片與音樂節拍的功能更是大幅提升了最終產品的觀賞體驗。隨著 Gen-1 和 Gen-2 等後續版本的推出，Runway AI 在影片創作領域的實力不斷增強，為多模式人工智慧系統的發展樹立了典範，其中，Gen-2 還具有 Motion Brush 動態筆刷功能，只需要在圖像中的任意位置一刷，就能使圖像中靜止的物體動起來

Pika 和 Lumiere 的發布進一步推動了生成式人工智慧在影片領域的應用。Pika 以其對 3D 動畫、動漫等多種風格影片的生成和編輯能力，為使用者提供了更加豐富的選擇。Google 的 Lumiere 則透過引入時空 U-Net 架構等創新技術，成功實現了對真實、多樣化和連貫運動的影片的合成，為影片編輯和內容建立帶來了革命性的變革。此外，2023 年 12 月 21 日，Google 還發布一個全新的影片生成模型 VideoPoet，能夠執行包括文字轉成影片、圖像到影片、影片風格化等操作。

可以說在 Sora 誕生以前，AIGC 在影片領域的發展就已經呈現出了蓬勃的態勢。這些先進的系統不僅提升了影片創作的效率和品質，還為創意表達提供了新的可能性。即便是在這樣的背景下，Sora 的誕生依舊震驚了全世界。

事實上，在過去的一年中，以 Runway 等為代表的文生影片模型已經令影視創作者感受到震撼，但是與能夠一次生成 60 秒以上高品質影片的 Sora 相比，此前的文生影片模型依然與 Sora 顯示出巨大的差距。

在相同的提示詞下，Pika 僅能生成 3 秒的影片，Gen-2 video 則可以生成 4 秒的影片，Sora 生成的影片時間最長可達 1 分鐘。

並且，基於 Sora 生成的影片可以有效模擬短距離和長距離中人物和場景元素與攝影機運動的一致性；與物理世界產生互動；在主題和場景構成完全不同的影片之間建立無縫過渡，並能轉換影片的風格和環境；擴展生成影片，向前和向後延長時間，實現影片「續寫」。相較之下，無論是 Pika 還是 Gen-2 video 都難以始終保持同一人物的連貫性。

更重要的是，Sora 不僅具有生成影片的能力，更具有對真實物理世界的理解和重新建構的能力。就像 OpenAI 的技術報告所說的，「Sora 能夠深刻地理解運動中的物理世界，堪稱為真正的『世界模型』。」—— 如果說 ChatGPT 這類語言模型是從語言大數據中學習，模擬一個充滿人類思維和認知映射的虛擬世界，是虛擬思維世界的「模擬器」，那麼 Sora 就是在真實地理解、反映物理世界，是現實物理世界的「模擬器」。

以 Sora 生成的「海盜船在咖啡杯中纏鬥」影片為例，為了讓生成效果更加逼真，Sora 需要理解和模擬液體動力學效果，包括波浪和船隻移動時液體的流動。還需要精確模擬光線，包括咖啡的反光、船隻的陰影，以及可能的透光效果。只有精準地理解和模擬現實世界的光影關係、物理遮擋和碰撞關係，生成的畫面才能真實、生動。

Sora 所展示的能力遠遠超越了人們此前對於 AI 生成影片的預想，可以說，雖然 Sora 並非第一輪衝擊，卻是影視行業受到 AI 影響最猛烈的一次衝擊。

▊ 5.1.2　Sora 的非凡之處

現今，我們確實也需要正視包括 Sora 在內的 AIGC 工具對於影視行業的影響和衝擊。對於影視行業來說，Sora 無疑是個了不起的工具，一方面，Sora 有望進一步提升影視製作的效率，尤其是在模型製作、模型渲染和優化等領域可以發揮重大功用，這將大幅縮短影片製作的週期。

Sora 的出現讓我們看到人類需要經過數年專業訓練的文字轉影視的表達技能，或者說這種藝術性的表現方式，這種比單純的文字人機互動更為複雜的多模態轉換與表現方式，如今已經被人工智慧所掌握。正如 ChatGPT 最大的顛覆是讓我們看到了人工智慧，也就是基於矽基的智慧完全可以被訓練成擁有類人語言邏輯理解與表達能力一樣，Sora 的最大顛覆就是讓我們看到基於矽基的智慧，完成可以被訓練成擁有與具備人類最高階的文字轉影片的藝術化表現能力。

在以往，人類要完成一個影片專案，尤其是影視專案，通常需要花費數月或甚至數年的時間，而且會牽涉到拍攝、剪輯、配音、特效等多個環節。而 Sora 只需要輸入文字描述，就可以自動生成高解析度、高逼真度的影片，節省了大量的時間和成本。

並且從品質來看，Sora 還可以大幅提升影片製作的水準。在過去，一個影片專案需要依賴專業的技術人員和設備，才能達到比較高的品質標準，而 Sora 可以根據文字描述生成任何類型和風格的影片，無論是現實場景還是虛擬世界，無論是紀錄片還是科幻片，都可以輕鬆實現。

好萊塢演員、電影製片人和工作室老闆泰勒・佩里，在看到 Sora 後，決定無限期擱置耗資 8 億美元的擴建工作室計畫，其本來計畫再添

加 12 個攝影棚。佩里認為，Sora 可以避免多地點拍攝問題，甚至不用再搭建實景，無論是想要科羅拉多州雪地，還是想要月球上的場景，只要寫個文字，人工智慧就可以輕鬆生成它。此前，佩里已經在兩部電影中使用人工智慧，光是只用在老化妝容上就節省了「幾個小時」。

事實上，基於目前的技術，人工智慧已經可以模擬生成大量不同的角色和場景，幫助提升影視製作的效率。比如，2023 年 8 月，AI 影片部落客「數位生命卡茲克」發布的一個《流浪地球 3》預告片便火爆全網，甚至引起導演郭帆關注。他用 Midjourney 生成了 693 張圖，用 Runway Gen-2 生成了 185 個鏡頭，最後選出來 60 個鏡頭進行剪輯，整個過程只花了 5 個晚上。在後續發布的教程中，他表示，以前自己做影片用 Blender 建模渲染，要花 1 個多月的時間。

在《媽的多重宇宙》視覺特效團隊只有 8 個人的情況下，視覺特效師埃文・哈勒克（Evan Halleck）表示他們藉助 Runway 輔助特效製作，縮短了製作週期。特別是在電影裡兩個岩石對話的場景中，當沙子和灰塵在鏡頭周圍移動時，Runway 的動態觀察工具快速、乾淨地提取岩石，將幾天的工作時間縮短為幾分鐘。Runway 執行長 Cristóbal Valenzuela 稱，AI 影片的應用讓好萊塢走向 2.0，每個人都能製作以前只有少數人能夠製作的電影和大片。

另一方面，以 Sora 為代表的 AIGC 工具還進一步降低了影視創作的入門門檻，讓更多的普通使用者能夠在具有一定的審美的基礎上去創作出品質更高的作品。

畢竟，Sora 已經不僅僅是一個影片生成工具，它能深入理解人類的文字，讓我們只需要輸入簡短的文字，就能創造出長達一分鐘的高畫質影片，並展現驚人的創意和專業水準。Sora 的能力不僅僅是技術上

的進步，更在於它對真實世界的理解和模擬。傳統的文生成影片軟體往往只是在 2D 平面上操作圖形元素，而 Sora 透過大模型對真實世界的理解，成功跳脫了平面的束縛，使得生成的影片更加真實、栩栩如生。

可以預期，未來藉助人工智慧的力量，人們能夠將自己的想像以更好的視覺化的方式呈現出來。正如班雅明（Walter Benjamin）在《機器複製時代的藝術作品》中提到藝術作品所獨具的是「靈韻」，生成式人工智慧可以將更多蘊含在普通人想像中的「具象化」，為世界提供更豐富的作品。

▍5.1.3　唱衰影視行業的聲音

每次一有技術的突破，特別是這兩年人工智慧技術突破，市場上就會出現許多悲觀的聲音。比如，這次 Sora 突破，也有很多觀點認為影視行業要「完了」。

不可否認，Sora 的出現給影視行業帶來了比過往任何一次都要大的衝擊。它極有可能會影響一些從事影片製作相關工作的人員的就業前景 —— 隨著 Sora 等人工智慧技術的普及和完善，一些傳統的影片製作工作將會被取代或降低價值。這意謂著一些重複性高、標準化程度較高的影片製作任務，比如上字幕、剪輯等可能會被人工智慧完全或部分取代。其實，如果 AI 影片生成按照現在的發展速度，很快地，許多簡單的鏡頭、群演、燈光佈景等，都可以用 AI 去完成了。

不過，目前即使是最先進的 Sora，在技術方面依然具有很大的侷限性，比如無法準確地模擬很多基本的互動物理特性，在涉及到物體狀態改變的互動方面表現不足，經常會出現一些不該出現的物體或運動不一致的情況等。

很顯然，這些問題的解決還需要一些時間，其中最關鍵的問題有兩個，一方面是如何讓機器智慧能夠掌握與理解物理世界諸多的物理規則，以保障在生成的時候不會出現物理定律的混亂與出錯；另外一方面則是運算能力的突破，如果運算能力無法有效的支撐多模態的複雜模型訓練與大規模的公開試用，就很難從根本上完善 Sora 的模型本身。

並且，AIGC 也依然無法取代影視創作的主體性。一方面，以ChatGPT、Sora 為代表的生成式人工智慧模型都是基於大量來自人類創造出的作品訓練的結果，因為它所生產出來的一切在其本質上仍然是基於人類勞動的過程。另一方面，在人工智慧技術不斷迭代的過程中，其主要的目的依然是對人類及人類所處的真實世界的模仿，如果說現今的電影是一種對人類世界的加工和虛擬，那 AIGC 則是對這種虛擬的虛擬。

因此，就目前來說，Sora 的定位仍然是工具 —— 既然是工具，變革的就是創作方式。換言之，在影視行業，創意性和人類獨特的思維仍然是不可替代的。當然，這也是人類進入人工智慧時代之後，在進入人機協同的時代之後，人與機器之間協作的最大價值，也就是人類獨特的想像力與創新力。

事實上，在藝術創作領域，包括影視行業與其他行業最大的區別在於作品裡有製作者強烈的個人意願和情感傾向，這恰恰就是個人藝術水準和創意性的體現，也是一個影視作品最核心的存在，而這些都是人工智慧無法完全取代的。因此，雖然技術的進步可能會改變影視行業的工作方式和產業結構，但行業的核心仍然是人類的創造力和想像力。

並且，從表演角度來看，合成人物的表演也不太可能完全取代電影和電視中的真實人類表演，至少它們無法擔任主演 —— 真人表演著

重於演員細膩的動作和表情呈現，而要人工智慧真實地複製人類演員的全部情感和反應能力也是極其困難的。人工智慧或許可以輔助演員們，讓他們從煩瑣工作中釋放更多寶貴時間，來做更多有意思的事情。

事實上，影視藝術的誕生本就是科技進步的產物。從歷史上看，任何技術的發明都為影視行業帶來了機遇 —— 從膠片時代到數位時代，從 2D 到 3D。而 Sora 就像影視行業歷史上任何一次技術革命一樣，有望提高製作效率、更新製作，甚至可能創造新的類型、風格、流派。也許在未來的某一天，更成熟的 Sora 的世界建構能力可以為視覺敘事開啟難以想像的前景，釋放無數不同聲音，講述人類從未想像過的故事。

在這個過程中，Sora 也為影視行業打開了一個新世界，作為影視製作的超級工具，Sora 有望破除繪畫、動畫等技能帶來的創作門檻，使有想法的人都能用 Sora 這樣的工具來讓自己腦子裡的點子視覺化，這也意謂著 Sora 將使個人可以前所未有地做出專業電影製作人才能完成的影片效果和內容。

當然，這對於科幻電影行業的發展將是前所未有的推動，因為有 Sora，我們可以在數位世界中以數位的方式實現我們對未來的想像，並且能夠利用數位的方式生成與表現出來，這完全突破了基於目前的物理實景搭建，或者基於數位模型的建模，並以最大程度的突破人類理解與表現的限制。

Sora 所帶來的影響，一方面給影視行業的從業者們帶來了挑戰，因為 Sora 使得過去受限於高昂成本和技術門檻的創意想像得以輕鬆實現，因此，在影視產業方面，編劇、作家等有想法的人群就可以一定程度地繞開製片人、攝影師、燈光師等，直接自行生產電影。或許在未

來，影視產品的創作會變得和寫小說一樣低成本，這會讓影視作品如雨後春筍般地爆發，隨之必然會誕生不少優質的作品。屆時，留下的只會是有創意的創作者，而不夠有創意的人都會被淘汰。另一方面也降低了影視行業的門檻，Sora 可以讓更多的人參與影片製作，不再受限於專業技能和設備。任何有創意和想法的人，都可以利用 Sora 來實現自己的影視夢想。

或許在不久的將來，網路文學將會逐步退出人類社會，基於 Sora 所生成的網路影視劇將會逐步走入人類社會，成為一種新的閱讀方式。

無論如何，Sora 的出現都是 AIGC 里程碑的進步，也是電影行業加速變化的開端。

5.2 Sora 暴擊短影片行業

除了對傳統影視行業造成的衝擊，Sora 的發布，更是對現今的短影片行業的一次暴擊。

短影片行業一直是目前全球內容消費的主戰場。從中國的抖音、快手、嗶哩嗶哩到國外的 TikTok，使用者對於短影片的熱愛可見一斑。而 Sora 的問世，將極大地推動短影片創作的巨變。在以前，製作出一段令人驚豔的短影片需要團隊的密集合作，但隨著 Sora 的出現，這一切都變得輕而易舉。只需要簡單的文字輸入，就能輕鬆生成一分鐘的高品質影片。

那麼，在 Sora 的浪潮下，短影片行業又將迎來什麼新變化？

▌5.2.1　在 UGC 時代崛起的短影片

現今的時代是一個內容消費的時代，文章、音樂、影片以及是遊戲都是內容，而我們，就是消費這些內容的人。既然有消費，自然也有生產，與人們持續消費內容不同，隨著技術的不斷更迭，內容生產也經歷了不同的階段。

PGC 是傳統媒體時代以及網際網路時代最古早的內容生產方式，特指專業生產內容。一般是由專業化團隊操刀、製作門檻較高、生產週期較長的內容，最終用於商業變現，如電視、電影和遊戲等。PGC 時代也是門戶網站的時代，這個時代的突出表現，就是以四大門戶網站為首的資訊類網站創立。

1998 年，王志東與姜豐年在四通利方論壇的基礎上創立了新浪網。1999 年的「科索沃危機」和「北約導彈擊中中國駐南聯盟大使館事件」，奠定了新浪門戶網站的地位。1998 年 5 月，起初主打搜尋和郵箱的網易，開始向門戶網站模式轉型。1999 年，搜狐推出新聞及內容頻道，確定了其綜合門戶網站的雛形。2003 年 11 月，騰訊公司推出騰訊網，正式向綜合門戶進軍。

在初期，所有這些網站每天要生成大量內容，而這些內容並不是由網友提供的，而是來自於專業編輯。這些編輯要完成收集、錄入、審核、發布等一系列流程。這些內容代表了官方，從文字、標題、圖片、排版等方面，均體現了極高的專業性。隨後的一段時間，各類媒體、企事業單位、人民團體紛紛建立自己的官方網站，這些官網上所有內容，也都是專業生產。

後來，隨著論壇、部落格，以及行動網際網路的興起，內容的生產開始進入 UGC 時代，UGC 就是指使用者生成內容（User-Generated

Content），即使用者將自己原創的內容透過網際網路平台進行展示或者提供給其他使用者。微博的興起降低了使用者表達文字的門檻；智慧手機的普及讓更多普通人也能創作圖片、影片等數位內容，並分享到社交平台上；而行動網路進一步加速 4G 以及 5G 時代的到來，更是讓普通人也能進行即時直播。UGC 內容不僅數量龐大，而且種類、形式也越來越繁多，推薦演算法的應用更是讓消費者迅速找到滿足自己個性化需求的 UGC 內容。

UGC 時代裡，特別值得一提的就是短影片的崛起。不過，在短影片崛起之前，人們還曾經歷過一段長影片統治的時間。

具體來看，2005 年，YouTube 成立讓 UGC 的概念開始向全球擴散。同年，一部名為《一個饅頭引發的血案》在中國網際網路爆紅，下載量甚至一度擊敗了同年上映電影《無極》。此後，隨著優酷、土豆、搜狐影片等平台力推，一系列知名導演、演員以及大量素人也加入微電影大軍，無數網友也拿起攝影機、手機開始拍攝、製作。長影片網站和 UGC 生態開始在網際網路上開疆拓土，但在當時，很多人沒有想到的是，隨著移動智慧終端機的革命性進步，以短影片為核心的 UGC 和直播最終會變身一個龐大的新興產業，延伸出無數的支線。

縱觀短影片的崛起歷程，一方面是因為技術的進步降低了短影片生產的門檻，在這樣的背景下，由於消費者的人數遠比已有內容生產者龐大，讓大量的內容消費者參與到短影片內容生產中，毫無疑問能大幅釋放內容生產力。另一方面，理論上，消費者們本身作為內容的使用物件，最瞭解自己群體內對於內容的特殊需求，將短影片內容生產的環節交給消費者，能最大程度地滿足內容個性化的需求。

現今，已經無人能否認，短影片和直播是目前這個時代最流行的傳播載體，人們已經習慣用短影片來記錄自己，記錄各式各樣的生活。不僅如此，在內容社群的基礎上，短影片平台還能帶入產品和服務、帶動交易，形成商業生態，並且讓商業生態去反哺內容生態。而在短影片產業鏈中，上游主要包括了 UGC、PGC 在內的大量內容創作者，此部分是整個短影片產業鏈條的核心，而 MCN 機構作為廣告主和內容創作者之間的橋樑，可以大幅加強其變現能力；下游則主要包括了短影片平台和其他分發管道，其中短影片平台是短影片內容最主要的生產位置，之後在平台內外進行多管道分發。

短影片崛起的這幾年來，短影片平台也經歷了商業模式、產業結構的重構，如今，短影片平台已經成為一種基礎設施，把使用者帶入數字經濟時代。而短影片平台們，不管是抖音、快手還是 TikTok 的商業化收入、電商 GMV 都在高速增長。

▋ 5.2.2 Sora 衝擊下的短影片行業

不管短影片如何發展，對於短影片行業來說，內容製造都是其最關鍵、最重要的環節。而現在，這一環節就快被 Sora 顛覆了。

畢竟，相比於傳統影視或者是長影片，短影片最大的特點就是「短」，這也是 Sora 最大的優勢之一。

和目前市面上的其他 AIGC 影片工具不同，市面上主流產品大部分只能生成 4 秒，Runway Gen-2 也只能到 18 秒，但 Sora 卻可以生成長達一分鐘的影片，同時保持視覺品質並遵守使用者的提示，這對於滿足短影片平台的內容需求非常有利。要知道，目前大多數的短影片，時長也不過幾十秒或短短的一兩分鐘。OpenAI 官方帳號進駐 TikTok，發布

Sora 影片一周時間就已累積超過 14 萬粉絲,獲讚近百萬。A16z 合夥人看了這些由 Sora 生成的影片後表示,如果它們出現在資訊流中,絕對分不出真假。更重要的是,未來 Sora 生成的影片會變得更真實、更好。

也就是說,只要根據指令,Sora 就能輕鬆生成一個短影片。無論是要做一隻蚊子從地球飛到火星的影片,還是做出潛水艇在人類血管裡航行的科幻畫面,都僅僅需要幾行指令而已。並且,Sora 還能夠生成具有多個角色、特定類型的運動以及主體和背景的準確細節的複雜場景。因為 Sora 不僅瞭解使用者在提示中提出的要求,還瞭解這些東西在物理世界中的存在方式。Sora 還可以在單個生成的影片中建立多個鏡頭,準確地保留角色和視覺風格。

這也意謂著,短影片的創制門檻將會進一步被降低。即使沒有短影片內容製作技能,只要有想法有創意,就能夠透過 Sora 輕鬆建立視聽內容,有調性的創作者還可以在此基礎上進行修改,使之更符合自己的風格,達到事半功倍的理想效果。這樣一來,整個短影片行業對攝影師、後期製作崗位的需求,也將會大量減少。未來,科技類媒體的科普影片、生活類媒體的技巧教學影片、商業類媒體的解說類影片等類搬運剪輯、素材整合與資料歸納類影片,基本上都可以由 Sora 來完成操作。

可以說,雖然 Sora 也有潛力應用於長影片製作,但長影片的製作週期、成本和複雜度都遠高於短影片。並且目前最大的限制與挑戰則依然來自於運算能力的限制。因此,從技術和市場適應性角度來看,Sora 在短影片領域的應用將更加直接和有效。可以預期,一旦 Sora 像 ChatGPT 一樣被放開應用,短影片的產量會迎來一次大爆發。

而 Sora 也會對現在的短影片行業帶來一場風暴,如果短影片的從業者缺少創意或者沒有特色,將很難應對這股浪潮。一方面,儘管 Sora 能夠自動化許多製作過程,但優質內容的創作仍需要人類的創造

力和想像力。另一方面，技術的進步必然導致市場競爭的加劇，那些缺乏創意或者沒有獨特特色的從業者將很難在激烈的競爭中脫穎而出。

此外，從商業模式與盈利潛力看，短影片平台通常具有更為多樣化的商業模式和盈利潛力，例如廣告植入、直播帶貨、付費觀看等。Sora 如果能夠與這些商業模式相結合，將會為短影片平台帶來更多的商業機會和盈利空間。比如，Sora 可以幫助平台生產更多吸引人的短影片內容，從而吸引更多的使用者和廣告主，進而增加平台的盈利能力。此外，Sora 還可以透過提供客製化的影片內容，滿足使用者個性化的需求，從而提高使用者留存和付費觀看的意願。

可以說，Sora 的誕生，標誌著 AIGC 短影片生成時代的正式到來。儘管 Sora 給傳統的短影片生產者們帶來了挑戰，但與此同時，這也是一個激發更多人創作力的時代。在這個多模態大模型的引領下，我們有望看到短影片行業的深刻變革，讓我們拭目以待。

5.3 | Sora 如何改變廣告行銷？

Sora 掀起的軒然大波對廣告行銷領域也產生了巨大的影響。對於品牌來說，儘管過去一年 AIGC 的發展已經改變了部分內容創作的工作流程，但對於影片廣告創意來說依舊是一大難題，而且佔據不少成本。而 Sora 作為一種新的內容生產工具，為廣告商和行銷人員提供了一種全新的創作方式，有望大幅降低影片廣告成本，打破過去存在於「創意」到」落地」中間固有的很多障礙。

5.3.1　大幅降低影片廣告成本

作為影片生成的超級工具，Sora 的出現最直接衝擊的就是整個影片領域 ── 不管是傳統影視，還是近年來才崛起的短影片，又或者是廣告行銷行業的影片廣告。對於行銷行業來說，Sora 能夠讓影片廣告製作的門檻大幅下降，成本降低，週期變短。

舉個例子，大部分的汽車廣告都是一輛車在路上行駛的畫面，只不過有些車行駛在崇山峻嶺，有些車行駛在沙漠裡，有些車在爬坡，有些車在過河。但就是這樣一分鐘左右的影片，傳統廣告公司報價也基本都在百萬價位，因為這需要動用一大群人前往深山，跟車攝影，並且用上無人機進行場景拍攝等等。儘管汽車廣告拍攝的報價有百萬，但其中大部分都是花在拍攝費用，而不是創意費用。

Sora 卻完全可以省下百萬的拍攝費用。在 OpenAI 官方更新的示範中，有一個影片就是一輛老式 SUV 行駛在蜿蜒的山路上。

而生成這樣一個影片只需要輸入相關的指令和提示詞：「鏡頭跟隨一輛帶有黑色車頂行李架的白色老式 SUV，它在一條被松樹環繞的陡峭土路上加速行駛，輪胎揚起灰塵，陽光照射在 SUV 上，給整個場景投射出溫暖的光芒。土路蜿蜒延伸至遠方，看不到其他車輛。道路兩旁都是紅杉樹，零星散落著一片片綠意。從後面看，這輛車輕鬆地沿著曲線行駛，看起來就像是在崎嶇的地形上行駛。土路周圍是陡峭的丘陵和山脈，上面是清澈的藍天和縷縷雲彩。」基於這段提示詞，Sora 就能生成一個極其逼近現實的場景，從細節到畫面都非常精緻，甚至讓人分不出到底是 AI 生成還是實拍的一分鐘影片。

圖 5-1

　　當然，不僅僅是汽車廣告，還有美食廣告，以及酒店廣告、旅遊景點的推薦影片，這種並不需要複雜情節的廣告作品，Sora 都可以直接生成。

　　事實上，近年來為了降本增效，影片廣告已經有了很多變化，也融合了許多科學技術，其中最具代表的就是超現實創意短片。2023年 4 月，法國設計師品牌 Jacquemus 在其官方 IG 上發布了一則創意影片，品牌經典款 Le Bambino 包袋被裝上車輪化身「巨型巴士」，在巴黎街頭展開巡遊。包內還可以窺見乘客，馬路上也印有「Bambino」和「Jacquemus」等字樣。

圖 5-2

　　這支由動畫兼影片製作工作室 Origiful 創作的短片在微信上也獲得了超過 3.8 萬的按讚數，而該工作室在去年 3 月為 Maybelline 品牌打造的倫敦地鐵「刷」睫毛膏影片，同樣因為動感趣味的特效而在國內外社交媒體上掀起熱潮。

　　當然，這些場景並非真實存在，而是一種被稱作 FOOH（Faux-out-of-Home）的「偽戶外廣告」——某個時尚單品經過 CGI 等技術處理，通常以誇張變形、放大的特效出現在人們熟悉的生活場景中，模糊了虛擬與現實的邊界。由於超現實技術能針對產品進行現實中無法實現的變形處理，許多品牌開始選擇將這種創意形式用於新品宣傳，且在從城市場景選擇方面，多為「北上廣」和成都，例如蘭蔻情人節限定唇膏嵌入上海武康大樓、Vercase 迷宮包降落廣州沙面等。

　　除了具有創意性，超現實戶外廣告得以流行的另一個重要原因，在於製作週期相對短，且更具成本效益。成立於上海和廣州的本土數字藝術與未來科技創新工作室 flashFLASH 雙閃的主理人之一楚冰表示，

從創意到拍攝、實景追蹤、CGI 製作以及最後合成輸出，一條 10~15 秒創意短片順利的情況下，完整週期在 3~4 周 —— 這其實也是超現實戶外廣告的核心優勢之一，以更省時省錢的方式打造腦洞大開的畫面。

但即便如此，具備連續穩定、多鏡頭和高畫質等多項優點的 Sora 模型，依然對這種短時間內產出突破物理限制的創意模式發起了進一步挑戰。

可以說，對於現在的廣告公司來說，Sora 的影響不僅僅是降本增效、壓縮成本這麼簡單，更意謂著傳統廣告公司從組織模式到商業模式，都會得到重構。組織模式方面，傳統的廣告製作過程通常涉及到廣告創意、劇本撰寫、拍攝製作、後期編輯等諸多環節，需要大量的人力和時間投入。而有了 Sora 等 AIGC 技術，其中的許多環節都可以被自動化或部分自動化，大幅減少了人力資源的需求。商業模式方面，隨著人工智慧技術的普及，廣告作品的製作成本將大幅下降，這意謂著，廣告公司需要重新定價並提供更具競爭力的服務，比如提供與人工智慧技術相關的增值服務，例如資料分析、智慧行銷策略等，從而進一步提升獲利能力。

不僅如此，Sora 還會促使個性化廣告的興起。一方面，根據 Sora 團隊公布的所有生成影片作品，我們也能看到 Sora 無比廣闊的應用前景。比如在個人層面，Sora 可以快速建立個性化的故事、家庭錄影，甚至是基於想像的概念視覺化。這意謂著，Sora 可以因應不同需求下的創作需求，呈現在品牌行銷上，Sora 有望幫助品牌做到更精細化的使用者行銷，這也是整個行銷行業的大趨勢。另一方面，行銷成本降低了讓行銷部花小錢辦大事的窘境。在預算有限的情況下，原本只能製作一個影片的費用可以用來生成製作多個影片。這就意謂著可以為不同的

客戶畫像創作出針對性的廣告內容,從而進一步提高廣告的吸引力與投放轉換率。

Sora 也讓影片廣告快速迭代成為可能。行銷團隊可以在短時間內製作多個版本的廣告,進行 A/B 測試,找出最有效的廣告元素,例如呈現方式、視覺風格或敘事節奏等等,從而優化廣告效果。

憑藉強大的創作能力和極其廣泛的應用範圍,Sora 還有望成為電商的營運利器,從廣告行銷的角度,電商的宣傳更加標準化。比如,Sora 可以根據產品及場景的簡單文字描寫生成逼真流暢的影片。這種生動直觀的視覺呈現,不僅比文字與圖片更能吸引使用者的眼球,還能增加產品頁面的說服力,同時節省人工成本和製作週期。此外,Sora 可以自動生成步驟分明的產品使用演示影片,還可以根據不同使用場景生成不同的影片。

2024 年 2 月,亞馬遜官方宣布了其平台貼文工具的最新更新,推出了一個短影片功能,允許使用者在貼文中發布時長不超過 60 秒、9:16 直式比例的短影片,並附帶一個簡短標題,影片中展示的商品會持續顯示在畫面底部。這項功能推出後,亞馬遜的賣家們就能夠透過發布更多的影片貼文來向消費者傳達更豐富的資訊,進而塑造和加強品牌形象。如果 Sora 開放給使用者,大量的亞馬遜賣家必定會利用 Sora 生成影片來搶奪這波新流量入口。

可以預期,透過 Sora,廣告行銷將迎來更加高效、個性化新時代,為傳遞品牌內容,加強消費者溝通開闢新的可能性。

很顯然,Sora 的出現將會對廣告行銷行業帶來巨大的衝擊與挑戰,缺乏獨特創意的廣告策劃公司將會受到 Sora 的挑戰,不論是基於影片類的廣告,還是基於圖片類的廣告創作,Sora 都將以更低的成本、更高的效率、更低的門檻對廣告行銷行業帶來挑戰。

▌5.3.2　創意是廣告業的未來

　　從 Sora 的技術邏輯來看，許多工作都可以由它完成。儘管目前 Sora 仍然有明顯缺點，包括沒有對話，也無法形成文字，以及會出現一些違背物理定律的情況。比如老奶奶吹蠟燭但火焰紋絲未動，再比如，明明是杯子碎掉，但果汁卻先溢出了。但不久後，這些問題或許都將被技術的更迭解決，重要的是，我們需要注意到，Sora 已經表現出了擁有改變影片廣告的生產方式。

　　目前，對於品牌而言，電視廣告、短影片資訊流廣告依然是與公眾溝通的重要方式，而這一關鍵工作將被 Sora 改變──過去，品牌生產影片面臨週期長、成本高等問題，而現在，品牌能夠更輕鬆地講故事。在這樣的背景下，怎麼講故事，講什麼故事，就成了廣告行銷的核心。簡言之，創意本身的價值仍然不可替代，未來，對於廣告行銷來說，創意性只會越來越重要。

　　而如何在好創意的基礎上，能藉助 AI 技術去實現過去難以實現的想法，或者需要更高代價才能實現的想法，將成為未來廣告行銷的重要方向。畢竟，Sora 生成的內容雖然在效率和成本方面有優勢，但可能更注重創新和視覺效果，而缺少某些人類獨有的創造力和細膩情感，而只有透過情感共鳴和個性化傳達品牌形象，才有可能達到真正理想的行銷效果。

　　此外，廣告行銷往往涉及到使用者洞察、傳播策略、創意實現、媒介投放、執行到 CRM、資料與技術等多個方面，需要綜合運用內容行銷管理、市場分析工具、CRM 軟體、程式化原生廣告、行銷資料管理平台、需求方平台 DSP 等多種工具。如何在這些環節的基礎上，深入洞察使用者、分析企業與品牌方需求，再反覆打磨創意並透過 Sora 來進行呈現，也是未來廣告行銷的新變化和新挑戰。

可以說，Sora 降低了做影片的門檻，但本質上對於人們的創造模式和創意方式，並沒有根本性改變，創意依然是廣告業的過去、現在和未來，尤其是在 AIGC 的加持之下，只有足夠優秀的內容才能夠享受時代的紅利。

5.4 ｜ 視覺化，Sora 的真正價值

Sora 標誌著 AI 技術在內容創造領域的一個重要進步。本質上，Sora 其實就是一個「文生影片工具」，能夠根據使用者提供的自然語言指令生成高畫質影片內容。這意謂著使用者可以透過簡單的文字描述，讓 Sora 創造出幾乎任何場景的影片，從而極大地拓寬了影片內容創作的邊界和可能性。

Sora 的影片內容創作能力除了給傳統影視、短影片以及廣告行銷等行業帶來直接影響，更影響社會生活和生產的各個方面。可以說，Sora 的價值體現在影片生成上，卻又不僅僅停留在影片生成。

▋ 5.4.1　視覺化的力量

Sora 非常核心並且具有革命性的特點，就是它能夠理解使用者的需求，並且還能夠理解這種需求在物理世界中的存在方式。簡單來說，Sora 透過學習影片，來理解現實世界的動態變化，並用電腦視覺技術模擬這些變化，從而創造出新的視覺內容。換句話說，Sora 學習的不僅僅是影片，也不僅僅是影片裡的畫面、像素點，還在學習影片裡面這個世界的「物理規律」。

就像 ChatGPT 一樣 —— ChatGPT 不僅僅只是一個聊天機器人，其帶來最核心的進化，就是讓 AI 擁有了類人的語言邏輯能力。Sora 最終想做的，也不僅僅是一個「文生影片」的工具，而是一個通用的「現實物理世界模擬器」。也就是世界模型，為真實世界建模。這也是 Sora 真正的價值和進化所在。劉慈欣有一篇短篇科幻作品 ——《鏡子》，內容就描繪了一個可以鏡像現實世界的「鏡子」。Sora 就好像是這個建構世界模型的「鏡子」。

Sora 的影片生成能力再加上為真實世界建模的能力，其實核心很簡單，就是基於真實世界物理規律的影片視覺化。所謂視覺化，其實就是將複雜的文字或資料透過圖形化的方式，轉變為人們易於感知的圖形、符號、顏色、紋理等，以增強文字或資料的識別效率，清晰、明確地向人們傳遞有效資訊。

要知道，在人類的進化過程中，人腦感知能力的發展經歷了數百萬年，而語言系統則發展未超過 15 萬年。可以說，人腦處理圖形的能力要遠遠高於處理文字語言，也就是說，面對圖像，人腦能夠比面對文字更快地處理和加工。這點不僅在早期的象形文字上就有非常好的印證，在目前短影片成為資訊的主流方式也正在說明人類對於圖像有本能的偏好。

更詳細地說，就是人類對語言的理解，離不開自己的內部經驗。而視覺，則是一種人類感知世界、建立經驗的「直接機制」。人類透過視覺看到東西，就能夠迅速進行解析、迅速進行判斷、並留下深刻的印象。也就是說：透過視覺，人類可以直接建立「經驗」。

研究也表明，人體五官獲取資訊量的比例是視覺 87%，聽覺 7%，觸覺 3%，嗅覺 2%，味覺 1%。也就是說，人類的主要資訊獲取方式是

視覺，我們的大腦更擅長處理視覺資訊。舉個例子，給我們一篇只由文字與字元所構成的資料分析文章，而另外一篇則是把這一堆表格用二維，或者更高階的三維視覺化呈現時，我們會更偏向於哪一種表達與閱讀方式呢？我想這個答案很顯而易見，大部分的人會偏向於選擇更直觀的三維表現方式，或者是二維的圖像表現方式，最不受歡迎的則是基於文字與字元表現的文章方式。

從資訊加工的角度來看，大量的資訊必將消耗我們的注意力，需要我們有效的分配精力。而視覺化則能輔助我們處理資訊，不僅更加直觀，並且可以將資料背後的變化以圖像的形式直觀的表現出來，讓我們透過圖像就能一目了然，看懂資料背後的關聯、變化、趨勢，從而在有限的記憶空間中盡可能地儲存資訊，提升認知資訊的效率。

特別是在現今資訊大爆炸的時代裡，視覺化的表達顯得極為重要。視覺化利用圖像進行溝通，可以將人腦快速處理圖形的特點最大化的發揮出來。這也是 Sora 的價值所在，我們只要給 Sora 一個指令，Sora 就能夠基於現實世界的物理規律將我們想要表達的以影片的方式視覺化。因此，可以說，哪裡需要影片視覺化，哪裡就需要 Sora。

▌ 5.4.2 哪些行業需要 Sora？

> "
> Sora 的視覺化，在許多行業裡都能得到直接且關鍵的作用。
> "

在設計行業，對於設計師來說，將想法轉化為視覺化的圖像或模型往往是時間消耗最大的一環。在傳統設計中，設計師們往往需要用 3D 建模軟體，比如 3ds Max 和 SketchUp 來表達自己的想法，Sora 的使

用可以大幅度提高這一過程的效率。設計師無需花費大量時間在軟體操作和渲染上，而是可以將更多的精力投入到設計本身。這種效率的提升不僅能夠加快專案的推進速度，也為設計師提供了更多的時間來提升設計的品質和創新性。

比如，一位室內設計師只需要透過簡單的文字描述，就能讓 Sora 生成具體的室內空間影片，這不僅加速了從概念到視覺化的過程，也為設計師提供了一個探索和實驗不同設計方案的平台。Sora 技術可以生成各種不同風格、不同主題的影片，為設計師們提供了更多的創作靈感和參考。設計師們可以透過 Sora 技術生成的影片，瞭解不同的設計風格和表現手法，從而拓展自己的創作思路。這種創新的表達方式能夠激發設計師的創造力，幫助他們超越傳統的設計邊界。

從客戶的角度來看，根據設計師的指令快速生成室內設計的影片展示，Sora 也為客戶提供了一種更加直觀和生動的體驗方式。相比於靜態的圖像或平面圖，影片能夠更好地展示空間的流動性、功能性以及設計的細節，幫助客戶更加準確地理解和感受設計師的構想。這種改善的客戶體驗不僅有助於增強客戶的信任和滿意度，也能夠促進設計師與客戶之間的溝通和理解。

在教育領域，利用 Sora 模型，老師就可以將文字教材轉化為生動的影片教程，提高學生的學習興趣和效果，甚至為特殊教育群體提供個性化的學習教材，幫助他們更好地融入社會，加速教育普適性和均衡性。舉個例子，李白有一首名詩《蜀道難》，即使詩仙李白的詩冠絕群雄、達到人類的語言巔峰，可是對於「難於上青天」，「連峰去天不盈尺，枯松倒掛倚絕壁」這些詩句，如果我們連山都沒見過，又怎麼能理解詩句？這個時候，如果 Sora 能根據詩文直接生成影片，對於這首

詩，我們就可能有完全不一樣的理解。此外，對於一些核心概念，透過視覺化的學習體驗，學生就可以將抽象的概念轉化為具體的圖像和經驗，從而更容易理解和記憶。教師可以利用 Sora 建立相關的地理環境影片，加深學生對地理知識的理解和記憶。

在科學研究領域，Sora 將為研究人員提供了強大的工具和平台，用於模擬和研究複雜的物理、化學、生物等現象。比如，在物理學領域，研究人員可以利用 Sora 生成複雜的物理現象的相關影片，例如流體運動、電磁場分布等，幫助他們理解和探索物理規律。在化學和生物學領域，研究人員可以利用 Sora 生成化學反應、生物過程等影片，研究其動態特性和相互作用。此外，有些科學現象由於條件的限制或實驗的困難，很難在實驗室中進行觀察和研究。透過 Sora 的影片生成，研究人員就可以在電腦上看到這些過程，並進行深入研究。比如，在天文學領域，研究人員可以透過 Sora 生成星系的形成和演化過程，研究宇宙的起源和發展。在地球科學領域，研究人員可以利用 Sora 生成地球內部的地質過程，探索地球的構造和演變。

在醫療領域，用 Sora 智慧生成的影片內容，將更好地實現醫患之間的充分溝通，比如向患者傳遞術後效果。在現今，如果我們要進行醫美，醫生往往是透過口頭描述或靜態圖片向患者展示術後效果，但這種方式往往不夠直觀和生動，容易造成誤解或不透徹的理解。而利用 Sora 生成的影片內容，可以提供更加直觀、生動和真實的術後效果展示，從而實現醫患之間的充分溝通。透過影片，尋求醫美的患者就可以清楚地看到自己術後的效果，包括面部輪廓的變化、膚質的改善等，與傳統的靜態圖片相比，影片更能夠展現出術後效果的立體感和真實感。並且，利用 Sora 生成的影片內容還能夠提供更個性化的術後效果展示，影片可以根據患者的實際情況和需求進行客製，包括面部特徵、

皮膚類型等因素，從而更貼近患者的實際情況，增強患者的參與感和滿意度。

在新聞傳媒領域，作為透過影片、圖片等多種資料形式來全面理解世界的工具，Sora 將在拓展傳媒業生產內容的廣度、深度的基礎上，賦予其快速反應且生動細膩的能力。尤其是在突發事件的新聞報導中，藉助 Sora 模型，新聞機構可以在幾分鐘內生成一段生動的現場影片，讓觀眾立即瞭解事件全貌。這種快速、準確的報導方式，將大幅提高新聞報導的時效性。比如對體育賽事營運、節目製作甚至是紀錄片的製作而言，Sora 都可以在視覺內容的呈現上給出全新的解決方案，尤其是體育賽事的沉浸感打造、文化節目的時代想像、歷史紀錄片的場景再現，都將藉助這個技術釋放出新的生命力，為觀眾帶來更真實的體驗。

對遊戲產業而言，Sora 也可以在與遊戲場景高度適配後生成更為個性化的地圖、畫面甚至角色。傳統上，遊戲開發者需要耗費大量的時間和人力來設計和建構遊戲地圖，而且往往缺乏多樣性和個性化。而基於 Sora，遊戲開發者可以透過簡單的設置和調整，快速生成具有豐富多樣性和個性化的遊戲地圖，包括不同的地形、氣候、生物群落等，從而為玩家提供更加豐富和多樣的遊戲體驗。特別是 Sora 作為世界模型，將能夠在開放的遊戲中，生成逼真的天氣變化、光照效果和自然景觀，為玩家營造出身臨其境的遊戲體驗。

或許，影片產業只是 Sora 帶來的這場巨變的冰山一角。結合當下 AI 技術以日為時間單位的升級速度來看，Sora 商用將註定不再遙遠。它在重構視聽產業甚至是全行業秩序的具體程序中，將會帶來什麼樣的變化，目前尚未可知。但可以肯定的是，它註定將會改變我們的工作、生活，而且是帶來全面的改變。

　　如果說，2023 年是全球 AI 大模型大爆發，是圖文生成元年的話，那麼，2024 年就是人類進入 AI 影片生成和多模態大模型元年。從 ChatGPT 到 Sora，AI 對每個人、每個行業的現實影響與改變正在逐步發生。

5.5 | 未來屬於擁抱技術的人

　　從人工智慧的概念誕生至今，人工智慧取代人類的可能就被反覆討論。人工智慧能夠深刻改變人類生產和生活方式，推動社會生產力的整體躍升，同時，人工智慧的廣泛應用對就業市場帶來的影響也引發了社會高度關注。

　　2023 年初，GPT 橫空出世兩個多月後，這一憂慮就被進一步放大。這種擔憂不無道理 —— 人工智慧的突破意謂著各種工作崗位岌岌可危，技術性失業的威脅迫在眉睫。聯合國貿發組織（UNCTAD）官網曾刊登的文章《人工智慧聊天機器人 GPT 如何影響工作就業》稱：「與大多數影響工作場所的技術革命一樣，聊天機器人有可能帶來贏家和輸家，並將影響藍領和白領工人。」

　　一年後，2024 年初，Sora 的問世再一次引發了廣泛的討論。不管承認與否，人工智慧的進化速度都越來越快了，與此同時，人工智慧替換人工的速度似乎也越來越快了。

▌5.5.1　人工智慧加速換人

自第一次工業革命以來，從機械織布機到內燃機，再到第一台電腦，新技術出現總是引起人們對於被機器取代的恐慌。在 1820 年至 1913 年的兩次工業革命期間，雇傭於農業部門的美國勞動力佔有率從 70% 下降到 27.5%，目前不到 2%。

許多發展中國家也經歷著類似的變化，甚至更快的結構轉型。根據國際勞工組織的資料，中國的農業就業比例從 1970 年的 80.8% 下降到 2015 年的 28.3%。

面對第四次工業革命中人工智慧技術的興起，美國研究機構 2016 年 12 月發布報告指出，未來 10 到 20 年內，因人工智慧技術而被取代的就業數量將由目前的 9% 上升到 47%。麥肯錫全球研究院的報告則顯示，預計到 2055 年，自動化和人工智慧將取代全球 49% 的有薪工作，其中預計印度和中國受影響可能會最大。麥肯錫全球研究院預測中國具備自動化潛力的工作內容達到 51%，這將對相當於 3.94 億全職人力工時產生衝擊。

從人工智慧代替就業的具體內容來看，不僅絕大部分的標準化、程式化勞動可以透過人工智慧完成，在人工智慧技術領域甚至連非標準化勞動都將受到衝擊。正如馬克思所言：「勞動資料一作為機器出現，就立刻成了工人本身的競爭者」。牛津大學教授 Carl Benedikt Frey 和 Michael A.Osborne 就曾在兩人合著的文章中預測，未來二十年，約 47% 的美國就業人員對自動化技術的「抵抗力」偏弱。也就是說，白領階層同樣會受到與藍領階層相似的衝擊。

事實也的確如此 —— GPT 就證明了這一點。當然，這也是因為 GPT 能做很多事情，比如，透過理解和學習人類語言與人類進行對

話，根據文字輸入和上下文內容，產生相應的智慧回答，就像人類之間的聊天一樣進行交流；GPT 還可以代替人類完成編寫程式碼、設計文案、撰寫論文、機器翻譯、回覆郵件等多種任務。可以說，讓 GPT 來幹活，已經不單單是更聽話更高效更便宜，而是比人類幹得更好。

GPT 的出現和應用，讓我們明確看到的一件事就是 —— 人工智慧將取代人類社會一切有規律與有規則的工作。過去，在我們大多數人的預期裡，AI 頂多會取代一些體力勞動，或者簡單重複的腦力勞動，但是 GPT 的快速發展讓我們看到，就連工程師、編劇、教師、作家的工作都可以被 AI 取代了。

比如技術工作，GPT 等先進技術可以比人類更快地生成程式碼，這意謂著未來可以用更少的員工完成一項工作。要知道，許多程式碼具備複製性和通用性，這些可複製、可通用的程式碼都能由 GPT 所完成。GPT 的母公司 OpenAI 已經考慮用人工智慧取代軟體工程師。

比如客戶服務行業，幾乎每個人都有打電話給公司客服的經驗，一撥通就是電話答錄機的聲音。在未來，GPT 或許會大規模取代人工線上客服。如果一家公司，原本需要 100 個線上客服，以後可能就只需要 2~3 個線上客服就夠了。90% 以上的問題都可以交給 GPT 回答。因為後台可以提供 GPT 所有的客服資料，包括售後服務與客戶投訴的處理，根據企業過往所處理的經驗，它會回答它所知道的一切。科技研究公司 Gartner 的一項 2022 年研究預測，到了 2027 年，聊天機器人將成為約 25% 的公司的主要客戶服務管道。

再比如法律行業，與新聞行業一樣，法律行業工作者需要綜合所學內容消化大量資訊，然後透過撰寫法律摘要或意見使內容易於理解。這些資料本質上是非常結構化的，這也正是 GPT 的擅長所在。從技術

層面來看，只要我們給 GPT 開發足夠的法律資料庫，以及過往的訴訟案例，GPT 就能在非常短的時間內掌握這些知識，並且其專業度可以超越法律領域的專業人士。

目前，人類社會重複性的、事務性的工作已經在被人工智慧取代的路上。而 Sora 的出現，還將進一步擴大被取代的工作範圍。

比如，對於一些簡單的影片編輯工作，包括剪輯、添加字幕、轉場等，Sora 都可以自動化地完成。對於產品的演示和說明影片，特別是產品特點和功能較為固定的情況下，Sora 可以幫助企業快速生成相應的影片內容，降低對專業影片製作人員的依賴。對於一些社交媒體平台上的內容創作，例如短影片、動態海報等，Sora 可以幫助使用者快速生成內容。可以預期，未來，人類社會一切有規律與有規則的工作都將被人工智慧所取代，而隨著人工智慧的快速迭代，人工智慧取代人類社會的工作的速度只會越來越快。

▌ 5.5.2　堅持開放，擁抱變化

變化是人生的常態，個人的意願無法阻止變化來臨。燈夫永遠也無法阻擋電的普及、馬車夫永遠無法阻止汽車的普及、打字員永遠無法阻止個人電腦的普及。這些變化，可以說是時代趨勢為個人帶來的危機，也可以說是機遇。

2023 年 3 月 20 日，OpenAI 研究人員提交了一篇報告，在這篇報告中，OpenAI 根據人員職業與 GPT 能力的對應程度來進行評估，研究結果表明，在 80% 的工作中，至少有 10% 的工作任務將在某種程度上將受到 ChatGPT 的影響。

　　值得一提的是，這篇報告裡提到了一個概念 ──「暴露」，就是說使用 ChatGPT 或相關工具，在保證品質的情況下，能否減少完成工作的時間。「暴露」不等於「被取代」，它就像「影響」一樣，是個中性詞。

　　也就是說，ChatGPT 或許能為某些環節節省時間，但不會讓全流程自動化。比如，數學家陶哲軒就用多種 AI 工具簡化了自己的工作任何和內容。

　　這給我們帶來一個重要啟示，那就是，我們需要改變我們的工作模式去適應人工智慧時代。就目前而言，人工智慧依然是人類的效率和生產力工具，人工智慧可以利用其在速度、準確性、持續性等方面的優勢來負責重複性的工作，而人類依然需要負責對技能性、創造性、靈活性要求比較高的部分。

　　因此，如何利用 AI 為我們的生活和工作賦能，就成為了一個重要的問題。也就是說，即便是 GPT 和 Sora，本質上都仍然只是一種技術的延伸，就像為人類安裝上一雙機械臂，當我們面對這項技術的發展時，需要做到的是去瞭解它，接觸它，去瞭解其背後的邏輯。無知帶來恐懼，模糊帶來焦慮，當我們對新技術背後的生成的邏輯有足夠的認識的時候，恐懼感自然會消失。

　　再進一步，我們就可以學習怎樣充分地利用它，如何利用人工智慧給自己的生活和工作帶來積極的作用，提升效率。再往後，我們甚至可以從自己的角度去訓練它，改進它，讓人工智慧成為我們的生活或工作助手。

　　與此同時，人工智慧的發展也會為人類社會帶來新的工作機會。歷史的規律便是如此，科技的發展在取代一部分傳統工作的同時，也會創造出一些新的工作。

事實上，對於自動化的恐慌在人類歷史上也並非第一次。自從現代經濟增長開始，人們就週期性地遭受被機器取代的強烈恐慌。幾百年來，這種擔憂最後總被證明是虛驚一場 —— 儘管多年來技術進步源源不斷，但總會產生新的人類工作需求，足以避免出現大量永久失業的人群。比如，過去會有專門的法律工作者從事法律檔的檢索工作。但自從引進能夠分析檢索海量法律檔的軟體之後，時間成本大幅下降而需求量大增，因此法律工作者的就業情況不降反升。因為法律工作者可以從事於更為進階的法律分析工作，而不再是簡單的檢索工作。

再比如，ATM 的出現曾造成銀行職員的大量下崗 —— 1988 至 2004 年，美國每家銀行的分支機構的職員數量平均從 20 人降至 13 人。但營運每家分支機構的成本降低，這反而讓銀行有足夠的資金去開設更多的分支機構以滿足顧客需求。因此，美國城市裡的銀行分支機構數量在 1988 至 2004 年期間上升了 43%，銀行職員的總體數量也隨之增加。再比如近一點的，微信公眾號的出現造成了傳統雜誌社的失業，但也養活了一大幫公眾號寫手。簡單來說，工作崗位的消失和新建，它們本來就是科技發展的一體兩面，兩者是同步的。

過去的歷史表明，技術創新提高了工人的生產力，創造了新的產品和市場，進一步在經濟中創造了新的就業機會。對於人工智慧而言，歷史的規律可能還會重演。從長遠發展來看，人工智慧正透過降低成本，帶動產業規模擴張和結構升級來創造更多新的就業。並且可以讓人類從簡單的重複性勞動中釋放出來，從而讓我們人類又更多的時間體驗生活，有更多的時間從事於思考性、創意性的工作。

德勤公司就曾透過分析英國 1871 年以來技術進步與就業的關係，發現技術進步是「創造就業的機器」。因為技術進步透過降低生產成本

和價格,增加了消費者對商品的需求,從而社會總需求擴張,帶動產業規模擴張和結構升級,創造更多就業崗位。

從人工智慧開闢的新就業空間來看,人工智慧改變經濟的第一個模式就是透過新的技術創造新的產品,實現新的功能,帶動市場新的消費需求,從而直接創造一批新興產業,並帶動智慧產業的線性增長。中國電子學會研究認為,每生產一台機器人至少可以帶動 4 種勞動崗位,比如機器人的研發、生產、配套服務以及品質管理、銷售等崗位。

目前,人工智慧發展以大數據驅動為主流模式,在傳統行業智慧化升級過程中,伴隨著大量智慧化專案的落地應用,不僅需要大量資料科學家、演算法工程師等崗位,而且由於資料處理環節仍需要大量人工作業,因此對資料清洗、資料標定、資料整合等普通資料處理人員的需求也將大幅度增加。

並且,人工智慧還將帶動智慧化產業鏈就業崗位線性增長。人工智慧所引領的智慧化大發展,也必將帶動各相關產業鏈發展,打開上下游就業市場。

此外,隨著物質產品的豐富和人民生活品質的提升,人們對高品質服務和精神消費產品的需求將不斷擴大,對高端個性化服務的需求逐漸上升,將會創造大量新的服務業就業。麥肯錫認為,到 2030 年,高水準教育和醫療的發展會在全球創造 5,000 萬~8,000 萬的新增工作需求。

從崗位技能看,簡單的重複性勞動將更多地被替代,高品質技能型、創意型崗位被大量創造。這也是社會在發展和進步的體現,舊的東西被淘汰掉,新的東西取而代之,這就是社會整體在不斷發展進步。現今,以人工智慧為代表的科技創新,正在使得我們這個社會步入新一輪

的加速發展之中，它當然會更快地使得舊有的工作被消解掉，從而也更快地創造出一些新時代才有的新的工作崗位。

▌ 5.5.3　急待轉向的教育

> 不管是 GPT 還是 Sora，都為現今的教育帶來了巨大挑戰，特別是目前的高等教育。

　　長期以來，高等教育與就業之間的關係都備受關注，就業的潛在假設是，大學培養的人與工作世界的崗位存在對應關係，只要畢業生能勝任崗位就可以實現「人職」匹配可以說，高等教育的目標之一就是為學生提供良好的職業發展機會，使他們能夠在畢業後順利就業並適應工作環境。

　　然而，以就業為目標反映了高等教育作為供給端的立場，但卻忽視工作世界作為需求端的變化。從技術的角度來看，一方面 GPT 和 Sora 等人工智慧技術的出現已經很大程度上改變了職業需求，特別是一些有規律與有規則的崗位的需求正在減少，而另一些新興領域的需求則增加。另一方面，隨著人工智慧技術在各行各業的應用，工作的自動化和智慧化程度不斷提高，傳統的就業模式和職業結構也發生了深刻的變化，這使得畢業生面臨著更大的就業壓力和挑戰，需要不斷提升自己的專業能力和適應能力，以適應快速變化的就業市場。

　　工作世界作為需求端的變化也提示著高等教育作為供給端必須要盡快轉向。舉個例子，現今有不少大學都開設了如影視製作、動畫設計、多媒體設計、數位媒體藝術等專業。Sora 的到來，可能會使學了四年的專業技藝的學生們，比不上一個懂得如何指揮 AI 的門外漢。因

此，高等教育需要做更多的事來幫助人們瞭解他們的世界正在發生何種根本性變化，並且要最大程度的教授這個時代的學生們掌握這些技術的應用，透過對這些先進技術工具的使用來提升工作效能，或是從中挖掘出新的商業機會。

當然，不僅僅是高等教育，在人工智慧時代，我們的教育至少要往三個方面轉向。

第一，教育的內容需要包括如何熟練的使用人工智慧這一強大的工具。正如汽車出現一樣，我們人類所要做的事情並不是去擔心汽車是不是速度太快，或者速度沒有馬車快，還是汽車會對人類社會帶來難以預計的危害，我們所要做的事情是儘快的學習使用與駕駛汽車，而不是抱著馬車來擔心汽車的危害。

如今，不管是 GPT 還是 Sora 都還只是人工智慧表現出矽基智慧化的一個起點，而當我們進入通用人工智慧時代，就意謂著人類社會的一切都將被人工智慧改造一遍，並且人工智慧是比以往任何一個時代的工業革命所帶來的變革影響更大更深遠。也就是說我們人類社會一切有規律與有規則的工作，包括有規律與有規則的知識，人工智慧都可以取代我們人類，並且成為我們生活中的通用專家助手。不論是醫生、會計師、律師、審計師、設計師、建築師、心理諮詢師，以及保姆、廚師等職業，人工智慧都能以比我們人類更優秀的能力勝任。這就意謂著，我們人類只要熟練的掌握與使用人工智慧，就完全可以藉助於人工智慧幫助我們成為多領域的專家。因此，在人工智慧時代，掌握使用人工智慧遠比我們掌握一些專業領域的知識與技能本身更重要。

第二，人工智慧時代的教育需要不斷的挖掘我們人類獨有的特性，正如工業革命所引發的產業變革一樣，將我們人類從農耕靠天吃飯

的時代，直接帶入到了依靠工業技術實現批量複製生產，並且可以實現 24 小時全年無休的生產時代一樣，我們人類一定不是去跟工業自動化生產比拼產品的組裝速度與效率，而我們跟機器比拼的是我們人類熟練管理與使用機器的能力。

同樣，在人工智慧時代，我們人類跟人工智慧比拼的一定不是人類社會已有的知識、記憶與技能，也不是診斷疾病的準確率有多高，或者我們的外科手術切口有多完美，而是我們人類獨有的創造力與創新能力。也就是我們人類藉助於人工智慧幫助我們完成人類社會一切基礎性事物的同時，我們憑藉著人類獨有的創新力、創造力與學習能力，不斷的向前探索、研究，並且不斷的將最新的研究成果重新賦能與提升人工智慧的能力。

第三，在人工智慧時代，我們教育的核心在啟發，就是如何藉助於各種技術、自然的各種知識，透過一些方式來啟發我們對於知識的探索精神與好奇心，當我們對這些知識有了好奇心之後，藉助於人工智慧這個強大的知識助手，包括結合虛擬實境技術，虛擬成像技術以及 3D 列印技術，我們就能將理論的知識學習，或者我們基於知識的一些想像具象化。而我們藉助於這些具象化的表現，就能不斷的激發我們的探索精神，不斷的啟發我們的想像力。要想在人工智慧時代獲得發展，我們當下的教育一定不是圍繞著刷題，或者將孩子培養成知識複讀機與解題機。

走向未來，技術的變革只會越來越快，前面沒有歷史可以參照，因此，改變我們的教育方式已經成為了一項必選項，而不是可選項。但幸運的是，人工智慧時代，我們與機器競爭的並不是我們的知識與考試能力，也不是我們製造與產品的組裝能力，而是我們人類獨有的特性

—— 如何透過教育來進一步發揮我們的人類獨有的創新力、想像力、創造力、同理心與學習力,將成為未來教育的核心。

CHAPTER

6

百模大戰，
勝利者誰？

6.1 │ OpenAI，勝者為王

在全球一眾人工智慧科技巨頭或者說大模型賽道上，手握 GPT 系列和 Sora 的 OpenAI 無疑是最受關注的那一個，也是最強的那一個。

▎ 6.1.1 OpenAI 的 GPT 系列

無論承認與否，OpenAI 都確實引領了整個大模型行業的發展，其實在 GPT-2 和 GPT3 誕生時，在行業內就已經掀起了不小的震動。

雖然 GPT-2 比較小，但 GPT-2 能力非常強，基本上能在一句話裡把主語、賓語、狀語、定語這些要素生成得更好，而且非常流暢，包括在第一個句子的提示下，以不同的文風輸出好幾段符合邏輯的文字。

相較於 GPT-2，GPT-3 又有了顯著的進度，GPT-3 一下就達到了 1,750 億參數規模，在當時，GPT-3 被認為是最強大的語言模型，龐大的參數量也讓 GPT-3 幾乎無所不能，包括答題、翻譯、寫文章，甚至是數學計算和編寫程式碼。由 GPT-3 所寫的文章幾乎達到了以假亂真的地步，在 OpenAI 的測試中，人類評估人員也很難判斷出這篇新聞的真假，檢測準確率僅為 12%。

如果說 GPT-2 和 GPT-3 讓 OpenAI 在業內有了一定的知名度，那麼 ChatGPT 和 GPT-4 的發布則是真正讓 OpenAI 大受歡迎，現在，只要對 GPT 有所耳聞的人，基本上都知道 OpenAI，甚至許多人對 OpenAI 公司的發展和內閣也耳熟能詳。

　　ChatGPT 和 GPT-4 讓人們看到大模型作為工具，不管是在哪個行業，執行什麼樣的任務，基本上都是可用的。在許多領域中，ChatGPT 和 GPT-4 的性能甚至超過了人類的平均水準。在 2023 年 11 月 7 日 OpenAI 首屆開發者大會後升級的 GPT-4 Turbo 更是具有極強的圖文識別、生成能力。比如，給一張圖，GPT-4 可以就進行識別，並且能針對這張圖給出非常生動的描述。

　　除了發布模型外，OpenAI 還開放了 ChatGPT 和 GPT-4 的 API 以及其微調功能。在 OpenAI 還沒開放 API 之前，人們雖然能夠與 GPT 進行交流，但卻不能根據 GPT 進一步開發應用。開放 API 和微調功能，企業、開發人員就可以使用自己的資料，結合業務案例建構專屬 GPT。其中，微調功能也是目前企業應用大語言模型的主要方法，比如，法律領域的 Spellbook、律商聯訊、Litera、Casetext 等，他們就是透過自己累積的海量法律資料在 GPT 模型上進行微調、預訓練建構法律領域的專屬 GPT，使其回答的內容更加聚焦、安全、準確。

　　目前，圍繞著 OpenAI 的 API 已經出現了許多新產品，許多現有產品也在圍繞著 OpenAI 的 API 進行重構。與大多數提供非核心功能的 API 不同，OpenAI 的 API 是許多此類產品的核心。有了 OpenAI 的 API，就意謂著寫幾行程式碼，我們的產品就可以做很多非常聰明的人能會做的事情，比如客服、科技研究、發現藥物配方或是輔導學生等。

　　從短期來看，這對產品開發者來說是一件好事，因為他們會獲得更多的功能以及更多的使用者，但從 OpenAI 的角度來看，幾乎所有開發者都需要依賴 OpenAI 來實現其核心功能，這不僅意謂著 OpenAI 能得到一筆不菲的 API 費用，更意謂著 OpenAI 無條件地獲得了更多的注意力、覆蓋率以及影響力。因為任何產品，不管是大公司還是小公司的產品，本質上都變成了 OpenAI 的使用者。

2023 年 11 月 7 日，OpenAI 發布 GPTs 和 GPT Store，也就是智慧體，使得大模型的應用門檻大幅降低。任何人都可以用一些簡單的自然語言，例如「請幫我們生成遊戲」、「幫我生成給小學生用的計算器」，你不需要任何程式設計能力，它就可以幫你寫程式，還可以幫你從網路上搜尋相關的資訊，自動生成帶介面的應用程式。GPTs 讓很多人變成了大模型的開發者。

▌6.1.2　從 DALL-E 到 Sora

除了 GPT 系列，OpenAI 還開發了語音模型 Whisper 和文生圖模型 DALL-E 系列，各有各的用途。

Whisper 是 OpenAI 研發並開源的一系列自動語音辨識（ASR）模型，他們透過從網路上收集了 68 萬小時的多語言（98 種語言）和多工（Multitask）監督資料對 Whisper 進行了訓練。OpenAI 認為使用這個龐大而多樣的資料集，可以提高模型對口音、背景雜音和技術術語的識別能力。除了可以用於語音辨識，Whisper 還能實現多種語言的轉錄，以及將這些語言翻譯成英語。目前，Whisper 已經有了很多變化應用，也成為很多 AI 應用建構時的必要組件。

DALL-E 則是一系列文生圖模型。2021 年 1 月，OpenAI 發布了 DALL-E 模型，DALL-E 可以創造動物和物體的擬人化版本，以合理的方式組合不相關的概念，渲染文字，以及對現有圖像進行轉換。

2022 年 4 月，DALL-E 2 發布，其效果比第一個版本更加逼真，細節更加豐富且解析度更高。在 DALL-E 2 正式開放註冊後，使用者數高達 150 多萬，這一數字在一個月後翻了一倍。

2023 年 9 月，DALL-E 迎來了第三個版本 DALL-E 3。DALL-E 3 將和 ChatGPT 整合，不僅可以用 Prompt（提示詞）設計出 AI 圖，還能透過對話來修改生成的圖像。不僅加強 Prompt 的生成圖像體驗，而且增強模型理解使用者指令的能力，圖像效果也有巨大提升。簡單來說，DALL-E 3 使使用者更易將想法轉化為準確的圖像，讓 AI 圖像生成方式更接近於 ChatGPT。就算是不知道如何使用提示詞，可以直接輸入你的想法，ChatGPT 會自動為 DALL-E 3 生成詳細的提示詞。

2024 年初，OpenAI 又發布了 Sora，Sora 被認為是目前為止最好的文字轉影片生成模型。雖然 Runway、Pika 也能達到不錯的影片生成，但是根據許多公開的測試，Sora 在生成影片的時長、連貫性和視覺細節方面表現出明顯的優勢，幾乎達到「遙遙領先」的程度。可以說，在影片生成領域，不論是清晰度，還是時長，Sora 都是公認的第一。而 Sora 的多模態應用有望塑造數位內容生產與互動新方式，賦能視覺行業，從文字、3D 生成、動畫、電影、圖片、影片、劇集等方面，帶來內容消費市場的繁榮發展。

Sora 影片的逼真和連貫程度令人驚嘆，但更重要的是，基於 Sora 的技術模型 ── Diffusion Model（擴散模型）+Transformer（轉換器）顯示出了模擬世界的潛力，即 Sora 並非簡單的影片生成，而是能根據真實世界的物理規律對世界進行建模。就像 ChatGPT 開啟了大模型競賽一樣，Sora 的這一技術路徑或許也會成為接下來的文生影片模型新範式，並在全球範圍內掀起一場新的技術競賽。

對於 OpenAI 來說，從文字生成模型 GPT、語音模型 Whisper、文生圖模型 DALL-E，到文生影片模型 Sora，如今，OpenAI 已經成為人工智慧領域當之無愧的王者，把同類型的 AI 模型遠遠甩在身後，不僅

逐漸形成了一個完善的 AI 應用生態，更打造出了一條自己的 AGI 通用技術路線。

當然，這離不開資本的支援，要知道就在 2022 年，OpenAI 公司淨虧損還高達 5.4 億美元。並且隨著使用者增多，運算能力成本增加，損失還在擴大。但 ChatGPT 的爆紅卻一下子打破了 OpenAI 虧損的僵局，OpenAI 的估值也隨之暴漲高至 290 億美元，比 2021 年估值 140 億美元翻了一番，比七年前估值則高了近 300 倍。而截至 2024 年初，OpenAI 的估值已飆升至 800 億美元以上。

除了各種 AI 大模型產品之外，OpenAI CEO 山姆·奧特曼還瞄準了半導體領域。目前，奧特曼正與潛在投資者、半導體製造商和能源供應商等各種利益相關者接觸，預計將融資 7 萬億美元打造晶片帝國。

在技術和資金的加持下，可以預期，在接下來的時間裡，OpenAI 還將在人工智慧領域繼續遙遙領先。由 OpenAI 打造的人工智慧帝國已經呼之欲出。

6.2 失守大模型，Google 的追趕

在 OpenAI 憑藉 ChatGPT 爆紅並引起世界轟動的同時，全世界的目光也都轉向了矽谷一哥 —— Google。在人工智慧領域，Google 不僅累積深厚，而且布局也同樣完善。曾經很多對手試圖與 Google 正面競爭，但他們都失敗了。

然而，ChatGPT 的橫空出世，卻讓 Google 直接拉響了「紅色代碼」警報，隨後，Google 一面加大投資、另一面緊急推出對標 ChatGPT 的產品。在 ChatGPT 衝擊下暫時落於下風的 Google，又如何回應這場猝不及防的對戰？失守大模型的 Google，還能重新回到頂峰嗎？

■ 6.2.1　Bard 迎戰 ChatGPT

爆火的 ChatGPT 吸引了全世界的目光，讓 Google 也感受到了危機，讓 Google 第一次拉響了「紅色代碼」警報，紅色警報是當 Google 核心業務受到嚴重威脅的時候才會發出的警報。

一直以來，Google 搜尋引擎都被認為是一個無懈可擊且無法被替代的產品 —— 它的營收和財務非常耀眼，市場佔有率佔據了市場領先地位，並且得到了使用者的認可。2022 年，市值 1.4 萬億美元的 Google 公司，從搜尋這塊業務，獲得了 1,630 億美元的收入，營運了 20 多年的 Google，在該搜尋領域中保持了高達 91% 的市場佔有率。這當然離不開 Google 搜尋背後的技術，Google 搜尋技術的工作原理就是結合使用演算法和系統對網際網路上數十億個網頁和其他資訊進行索引和排名，並為使用者提供相關結果以回應他們的搜尋查詢。

直到 ChatGPT 出現 —— ChatGPT 讓搜尋引擎不只是搜尋引擎，而成為了一種更具智慧且個性化的產品。使用 ChatGPT 的感覺像是，我們給一個智慧盒子裡輸入需求，然後收到一個成熟的書面答覆，這個答覆不僅不會受圖像、廣告和其他連結的影響，還會「思考」並生成它認為能回答你的問題的內容，這顯然比原來的搜尋引擎更具吸引力。

2023 年 2 月 7 日凌晨，Google CEO 桑達爾‧皮查伊（Sundar Pichai）宣布，Google 將推出一款由 LaMDA 模型支援的對話式人工智慧服務，名為 Bard。

皮查伊稱這是「Google 人工智慧旅途上的重要下一步」。他在部落格文章中介紹稱：Bard 尋求將世界知識的廣度與大型語言模型的力量、智慧和創造力相結合。它將利用來自網路的資訊來提供新鮮的、高品質的回覆。它既是創造力的輸出口，也是好奇心的發射台。他還表示，Bard 的使用資格將首先「發放給受信任的測試人員，然後在未來幾周內開放給更廣泛的公眾」。

在這個時間節點推出 Bard，雖然沒有指名道姓，但 Bard 對話式 AI 服務的定位，很明顯是 Google 為了應對 OpenAI 的 ChatGPT 而推出的競爭產品，同時也是為了對抗在 ChatGPT 加持下的微軟 Bing 搜尋引擎。幾乎在同一時間，微軟也正式推出由 ChatGPT 支援的新版 Bing 搜尋引擎和 Edge 瀏覽器，新版 Bing 搜尋將以類似於 ChatGPT 的方式，回答具有大量上下文的問題。

不幸的是，Google 在首次發布 Bard 時，就在首個線上演示影片中犯了一個事實性錯誤。在 Google 分享的一段動畫中，Bard 回答了一個關於詹姆斯‧韋伯太空望遠鏡新發現的問題，稱它「拍攝了太陽系外行星的第一批照片」。

但這是不正確的。有史以來第一張關於太陽系以外的行星，也就是系外行星的照片，是在 2004 年由智利的甚大射電望遠鏡（Very Large Array，VLA）拍攝的。一位天文學家指出，這一問題可能是因為人工智慧誤解了「美國國家航空航天局（NASA）低估歷史的含糊不清的新聞稿」。這一錯誤也導致 Google 當日開盤即暴跌約 8%，市值蒸發 1,020 億美元，將近 7 千億人民幣。

對於 Bard 的失誤，網路上也有很多聲音，其中一種認為，Bard 匆忙、資訊含糊不清的公告，很可能是 Google「紅色代碼」的產物。從結果來看，對上 ChatGPT 的 Bard，毫無疑問地落入了下風，當然，Google 無疑是老牌的科技巨頭，在這樣的情況下，Google 也沒有洩氣，而是開始了新一輪的蓄力。

▊ 6.2.2　PaLM 2 是 Google 的回擊

如果 Google 不想失去其在蓬勃發展的人工智慧行業中的地位，必須要開發出能夠說服人們的 AI 產品 —— 而 PaLM 系列，就是 Google 給出的答案。

第一代 PaLM 早在 2022 年 4 月就已經推出，旨在提高使用多種語言、推理和編碼的能力。而 2023 年 5 月，在 Google 年度開發者大會 Google I/O 2023 上，Google 正式發布新的通用大語言模型 PaLM 2。PaLM 2 是一個在大量文字和程式碼資料集上訓練的神經網路模型。該模型能夠學習單字和短語之間的關係，並可以利用這些知識執行各種任務。

PaLM 2 包含了 4 個不同參數的模型，包括壁虎（Gecko）、水獺（Otter）、野牛（Bison）和獨角獸（Unicorn），並在特定領域的資料上進行了微調，為企業客戶執行某些任務。其中，PaLM 2 最輕量版本 Gecko 小到可以在手機上執行，每秒可以處理 20 個 Token，大約每秒 16 或 17 個單字。

Google AI 研究實驗室 DeepMind 的副總裁 Zoubin Ghahramani 稱 PaLM2「比我們以前最先進的語言模型還好」，PaLM 2 使用 Google 客製的 AI 晶片，比初版 PaLM 的執行效率更高。PaLM 2 能使用 Fortran

等 20 多種程式設計語言，它還可以用 100 多種口頭語言。在專業語言熟練度考試中的表現，PaLM 2 的日語水準達到了 A 級，而 PaLM 達到了 F 級。PaLM 2 的法語水準達到了 C1 級。在 Google 發布的技術報告裡，對於具有思維鏈 Prompt 或自洽性的 MATH、GSM8K 和 MGSM 基準評估，PaLM 2 的部分結果超越了 GPT-4。同時，Google 也宣布，升級 AI 聊天機器人 Bard，讓它改由 PaLM 2 驅動，以此來提供更高明的回覆。

不僅如此，PaLM2 有一個基於健康資料訓練的版本 Med-PaLM 2，根據 Alphabet 的首席執行官皮查伊的說法，「Med-PaLM 2 與基本模型相比，減少了 9 倍的不準確推理，接近臨床醫生專家回答相同問題的表現」。皮查伊表示，Med-PaLM 2 已經成為第一個在醫療執照考試式問題上達到專家水準的語言模型，使其成為目前最先進的語言模型。此外，PaLM2 還有一個基於網路安全資料訓練的版本 Sec-PaLM 2，可以解釋潛在惡意腳本的行為，檢測到程式碼中的威脅。這兩種模型都將透過 Google 雲端提供給特定客戶。這也是 Google 在大語言模型的小型化上非常重要的進步。在雲端執行這種 AI 往往是很昂貴的，如果能在本地執行，無疑有著許多顯著優勢，比如隱私保護。

在 ChatGPT 爆發後，Google 一直被嘲諷在 AI 研究上已經落後微軟，而 PaLM 2 無疑是 Google 的一次重大回擊。

▌6.2.3　最強大模型 Gemini

在 ChatGPT 發布近一年後，Google 終於又出了大招，2023 年 12 月 6 日，Google 宣布發布「最強 AI 大模型」Gemini，其中文意思是雙子座。它的誕生，幾乎耗盡了 Google 內部的全部計算資源。

Google 這一發布，一下子又點燃了科技圈，就像回到了一年前 ChatGPT 剛發布時那樣，人人都在討論 Google 這一次發布的 AI 大模型。

不得不說，Gemini 跟 Google 倉促發布的 Bard 完全不可同日而語。本質上來看，Gemini 依然是一款 AI 大語言模型，但與其他大語言模型不同的是，Gemini 是一個原生多模態的 AI 模型，我們也可以理解為是多合一的全功能 AI 產品。

當然，本質上來看，Gemini 依然是一款 AI 大語言模型，但與其他大語言模型不同的是，Gemini 是一個原生多模態的 AI 模型，我們也可以理解為是多合一的全功能 AI 產品。

在 Gemini 發布之前，市面上的大模型 —— 即便是 GPT-4，雖然有在往多模態發展，但仍然主要聚焦在文字處理上。GPT-4 最厲害的地方依然是文字處理能力，能回答各種問題、甚至能寫詩。但除此之外，2023 年 9 月和 11 月更新的圖像識別、語音輸入等功能雖然也都有，但並沒有文字那麼給力。

Gemini 就不一樣，Gemini 可以處理不同類型的資訊，包括文字、程式碼、音訊、圖像和影片等資訊。

從 Google 官方給出的展示影片中也能看出，比如，在 Google 放出的示範影片中，研發人員可以直接讓 Gemini 判斷一張手寫物理題的對錯，並讓它針對某一具體步驟給出講解。這個功能對家裡有小孩的人來說絕對是非常重要也非常有用的功能，可以節省了我們很多的時間和精力，給小孩輔導作業，把作業題上傳給 Gemini，它就可以判斷出哪些題是對的，哪些題是錯的，而且我們還可以用滑鼠去點擊那些錯誤的答

案，接著，Gemini 就會給出進一步的解釋，具體哪個步驟錯了，為什麼錯，正確的應該是什麼樣的，這相當於有個家教在一旁指導一樣。

除此之外，在 Google 的演示影片中，研發人員還可以給出圖片素材，讓 Gemini 猜測所指電影名；還可以讓 Gemini 在幾張圖片之間找不同。

Google 官方稱，Gemini 的多模態推理功能夠理解複雜的書面和視覺資訊，這就使其在大量資料中理解、過濾和提取資訊的能力極為強大，未來將在科技研究、金融等領域發揮作用。此外，由於可以同時識別和理解文字、圖像和音訊等各類資訊，因此，Gemini 也擅長解釋數學和物理等複雜學科的推理。

舉個例子，如果說 ChatGPT 是一台高效的單屏電腦，Gemini 大概就是一套全功能的多屏工作站。單屏電腦提供基本的計算和辦公功能，而多屏工作站則可以同時處理多個任務，展示更多資訊。

這樣看來，Gemini 似乎是比 GPT-4 還要更強，當然，Google 也把 Gemini 和 GPT-4 做了對比，結果也並不意外，在 32 項基準測試中，Gemini 有 30 項領先於 GPT-4，並且從數學、物理、歷史、法律、醫學和倫理學等 57 個科目的組合測試得分來看，Gemini 在絕大多數領域都強過 GPT-4。

TEXT			Gemini Ultra	GPT-4
Capability	Benchmark Higher is better	Description		API numbers calculated where reported numbers were missing
General	MMLU	Representation of questions in 57 subjects (incl. STEM, humanities, and others)	90.0% CoT@32*	86.4% 5-shot* (reported)
Reasoning	Big-Bench Hard	Diverse set of challenging tasks requiring multi-step reasoning	83.6% 3-shot	83.1% 3-shot (API)
	DROP	Reading comprehension (F1 Score)	82.4 Variable shots	80.9 3-shot (reported)
	HellaSwag	Commonsense reasoning for everyday tasks	87.8% 10-shot*	95.3% 10-shot* (reported)
Math	GSM8K	Basic arithmetic manipulations (incl. Grade School math problems)	94.4% maj1@32	92.0% 5-shot CoT (reported)
	MATH	Challenging math problems (incl. algebra, geometry, pre-calculus, and others)	53.2% 4-shot	52.9% 4-shot (API)
Code	HumanEval	Python code generation	74.4% 0-shot (IT)*	67.0% 0-shot* (reported)
	Natural2Code	Python code generation. New held out dataset HumanEval-like, not leaked on the web	74.9% 0-shot	73.9% 0-shot (API)

* See the technical report for details on performance with other methodologies

圖 6-1

在 X 平台上，也有網友實測對比了 Gemini 和 GPT-4 的能力。威斯康辛大學麥迪森分校的一位副教授提取了 Gemini 宣傳影片中的 14 道題目，包括物理數學題解答、圖像識別、邏輯推理、解釋笑話、如何理清中國親戚關係等等，並將其丟給 GPT-4。最終，GPT-4 在其中 12 道題上都與 Gemini 水準相當，但在一道資料影像處理題和數學題上略遜於 Gemini。

其實，對於 Gemini，Google 推出了一共有三種大小的模型，第一個是 Ultra，也就是 Gemini 最強大的模型，適用於高度複雜的任務，Google 官方公布的影片演示基本都是來自於 Ultra，第二大小的模型是 pro，是適用性最廣的一個模型，現在這個模型已經更新到了 Bard 上面。第三個模型是 Nano，這是一個小模型，用於終端計算的一個最高效的一個模型，可以用在手機這樣的設備上面。這也是 Google 這種大廠的優勢所在，它很容易就可以做到多端覆蓋，從大型的資料中心，到小型的手持設備。

但 Google 背水一戰推出 Gemini，也向市場釋放了一種訊號，那就是 OpenAI 的 GPT 已經不再是難以企及、獨一無二的存在了。

6.2.4 Google 正在迎頭趕上

> 現今，在大模型領域，Google 正在迎頭趕上。

在推出 Gemini 後，2024 年 2 月 1 日，Google 更新了 Gemini，增加多語言支援和文生圖功能。2 月 8 日，Google 又推出了付費訂閱 Gemini Advanced 版本（Gemini1.0 Ultra），同時，將 Bard 正式更名為 Gemini。而這還只是一個開始，在短短一個月內，Google 還相繼發布了 Gemini 的升級版 —— Gemini 1.5、開源模型 Gemma 和世界模型 Genie。

Gemini 1.5 發布

就在大多數人還震撼於 Gemini 的強大時，2024 年 2 月 16 日，Gemini 的下一代大模型 —— Gemini 1.5 pro，毫無預警地降臨了。這是

一個中型的多模態模型，針對廣泛的任務進行了優化，Gemini 1.5 Pro 和 Gemini 相比，除了性能顯著增強，還在長上下文理解方面取得突破，甚至能僅靠提示詞學會一門訓練資料中沒有的新語言。此時距離 2023 年 12 月 Gemini 發布，還不到 3 個月。

值得一提的是，Google 在發布 Gemini 1.5 Pro 的 2 小時後，OpenAI 緊接著發布了 Sora。Google 認為 Gemini 1.5 Pro 是個炸彈，結果 OpenAI 直接出了「王牌」。即便如此，Gemini 1.5 Pro 的威力也是不可忽視的，和 Sora 一樣，Gemini 1.5 Pro 也能夠跨模態進行高度複雜的理解和推理。

Google DeepMind 首席執行官戴米斯・哈薩比斯代表 Gemini 團隊發言，稱 Gemini 1.5 Pro 提供了顯著增強的性能，它代表了其方法的一個步驟變化，建立在 Google 基礎模型開發和基礎設施的幾乎每個部分的研究和工程創新之上。

在上下文理解方面，AI 模型的「上下文視窗」由 Tokens 組成，這些 Tokens 是用於處理資訊的建構塊。上下文視窗越大，它在給定的提示中可接收和處理的資訊就越多，從而使其輸出更加一致、相關和有用。透過一系列機器學習創新，Google 將上下文視窗容量大幅增加，從 Gemini 1.0 最初的 32,000 個 Tokens，增加到 Gemini 1.5 Pro 的 100 萬個 Tokens。

此外，Gemini 1.5 Pro 還能夠對大量資訊進行複雜推理，其語言轉譯逼近人類水準。Gemini 1.5 Pro 可以在給定的提示符內無縫地分析、分類和總結大量內容。比如，當給它一份 402 頁的阿波羅 11 號登月任務的記錄時，它可以針對檔中的對話、事件和細節進行推理。

Gemini 1.5 Pro 甚至能執行影片的理解和推理任務。在 Google 的演示影片中，就展示了 Gemini 1.5 處理長影片的能力。Google 使用的

影片是巴斯特‧基頓（Buster Keaton）的 44 分鐘電影，共 696161 個 Token。

演示中直接上傳了電影，並給了模型這樣的提示詞：「找到從人的口袋中取出一張紙的那一刻，並告訴我一些關於它的關鍵資訊以及時間碼。」隨後，模型立刻處理，輸入框旁邊帶有一個「計時器」即時記錄所耗時間。不到一分鐘，模型做出了回應，指出 12:01 的時候有個人從口袋掏出了一張紙，內容是高盛典當經紀公司的一張當票，並且還給出了當票上的時間、成本等詳細資訊。經查證，確認模型給出的 12:01 這個時間點準確無誤。

對於 Gemini 1.5 Pro，在對文字、程式碼、圖像、音訊和影片的綜合評估面板上進行測試時，在用於開發大語言模型的 87% 的基準測試中，Gemini 1.5 Pro 優於 1.0 Pro。在相同的基準測試中，與 1.0 Ultra 相比，它的性能水準也大致相似。

Gemini 1.5 Pro 還展示了令人印象深刻的「情境學習」技能，可以從長時間提示的資訊中學習新技能，而無需額外的微調。Google 在 MTOB（Machine Translation from One Book）基準上測試了這項技能，它顯示了模型從以前從未見過的資訊中學習的效果。特別是針對稀有語言，比如英語與卡拉曼語的互譯，Gemini 1.5 Pro 實現了遠超 GPT-4 Turbo、Claude 2.1 等大模型的測試成績，水準與人從相同內容中學習英語的水準相似。

開源模型 Gemma

在 Gemini 1.5 Pro 發布不到一周後，Google 又推出了全新的開源模型系列「Gemma」。相比 Gemini，Gemma 更加輕量，同時保持免費可用，模型權重也一併開源了，且允許商用。

此次發布的 Gemma 包含兩種權重規模的模型，分別是 20 億參數和 70 億參數，並提供了預訓練以及針對對話、指令遵循、有用性和安全性微調的 checkpoint。其中 70 億參數的模型用於 GPU 和 TPU 上的高效部署和開發，20 億參數的模型用於 CPU 和端側應用程式。不同的尺寸滿足不同的計算限制、應用程式和開發人員要求。Gemma 在 18 個基於文字的任務中的其中 11 個任務，優於相似參數規模的開放模型，例如問答、常識推理、數學和科學、編碼等任務。

想使用 Gemma 的人可以透過 Kaggle、Google 的 Colab Notebook 或透過 Google Cloud 來使用。當然，Gemma 也第一時間上線了 HuggingFace 和 HuggingChat，每個人都能試一下其生成能力。

儘管體量較小，但 Google 表示 Gemma 模型已經「在關鍵基準測試中明顯超越了更大的模型」，在 Google 發布的一份技術報告中，該公司將 Gemma 70 億參數模型與 Llama 2 70 億參數、Llama 2,130 億參數以及 Mistral 70 億參數幾個模型進行不同維度的比較，在問答、推理、數學 / 科學、程式碼等基準測試方面，Gemma 的得分均勝過競爭對手。

而且 Gemma 還能夠「直接在開發人員的筆記型電腦或台式電腦上執行」。除了輕量級模型之外，Google 還推出了鼓勵協作的工具以及負責任地使用這些模型的指南。輝達在 Gemma 大模型發布時表示已與 Google 合作，確保 Gemma 模型在其晶片上順利執行。輝達還透露很快將開發與 Gemma 配合使用的聊天機器人軟體。

Google 表示，Gemma 採用了與建構 Gemini 模型相同的研究和技術。不過，Gemma 直接打入開源生態系統的出場方式，與 Gemini 截然不同。對於 Gemini 模型來說，雖然開發者可以在 Gemini 的基礎上進行開發，但要麼透過 API，要麼在 Google 的 Vertex AI 平台上進行開發，

被認為是一種封閉的模式。與同為閉源路線的 OpenAI 相比,未見優勢。但藉助 Gemma 的開源,Google 或許能夠吸引更多的人使用自己的 AI 模型。

在開源模型的同時,Google 還公布了有關 Gemma 的性能、資料集組成和建模方法等詳細資訊的技術報告。技術報告也體現了 Gemma 的亮點,比如 Gemma 支援的詞彙表大小達到了 256k,這意謂著它對英語之外的其他語言能夠更好、更快地提供支援。

可以說,Gemma 作為一個輕量級的 SOTA 開放模型系列,在語言理解、推理和安全方面都表現出了強勁的性能。

不過,在 Gemma 開放給使用者後,沒過幾天,就有各類的問題出現,包括但不限於:記憶體佔用率過高、莫名卡頓以及種族歧視,特別是種族歧視的問題。

事實上,在 Gemma 之前,Gemini 上線還沒一個月,Gemini 的文生圖功能就因「反白人」而下線了 —— Gemini 生成的美國開國元勳、北歐海盜以及教皇,涵蓋了印第安人、亞洲人、黑人等人種,就是沒有白人。推特使用者 Deedy 讓 Gemini 分別生成澳大利亞、美國、英國和德國的女人形象,只有德國出現了明顯的白人特徵,美國則是全員黑人。一時間風起雲湧,馬斯克甚至親自貼梗圖挪揄 Geminni 把陰謀論變成了現實。於是,Google 官方發文致歉,說 Gemini 生圖功能基於 Imagen 2 模型,當它被整合到 Gemini 裡的時候,公司出於對安全因素的考量和一些可預期的「陷阱」對其進行了調整。

這其實也讓我們看到 Google 的急迫 —— Google 急切地想重新在人工智慧領域證明自己的實力,以至於接連發布了這麼多大模型,但每次發布都難以逃脫翻車的命運。畢竟,在這個技術更迭越來越快的科技

時代，即便是 Google 這樣的科技巨頭都生怕被這個快速發展的人工智慧時代給丟在後面。

世界模型 Genie

越戰越勇的 Google 並沒有因為翻車而停止攀登 AI 高峰，在 2 月 26 日，Google 又在 DeepMind 官網更新了一篇世界模型 Genie 的論文。

這款名為 Genie 的新模型可以接受簡短的文字描述、手繪草圖或圖片，並將其變成一款可玩的電子遊戲，遊戲風格類似於超級馬里奧等經典的 2D 平台遊戲。但遊戲的幀數慘不忍睹，只能以每秒一幀的速度執行，而大多數現代遊戲通常是每秒 30 到 60 幀。

Genie 使用的訓練資料來自於網路上找的數百款 2D 平台遊戲影片，總時長 3 萬小時。加拿大阿爾伯塔大學的人工智慧研究員馬修·古茲戴爾（Matthew Guzdial）表示，其他人以前也採取過這種方法。2020 年，輝達使用影片資料訓練了一個名為 GameGAN 的模型，可以生成與小精靈風格類似的遊戲。但所有這些例子都使用輸入動作、控制器上的按鍵記錄和影片片段來訓練模型，比如將馬力歐跳躍的影片幀與「跳躍」動作（按鍵）相匹配。用輸入動作標記影片片段需要大量工作，這限制了可用的訓練資料量。

相比之下，Genie 只接受了錄影（影片）訓練，然後它就能學會，在八個可能的動作中，哪一個會導致影片中的遊戲角色改變位置。這可以將無數現有的網路影片轉化為潛在的訓練資料。

Genie 可以根據玩家給出的動作動態地生成遊戲的每個新幀。按跳躍鍵，Genie 就會更新圖像來顯示遊戲角色跳躍；按左鍵，圖像就會顯示角色向左移動。遊戲一個動作一個動作地進行，每個新幀都是在玩家輸入指令時從零生成的。

雖然 Genie 是一個內部研究項目，不會向公眾發布，但 Google DeepMind 團隊表示，有一天它可能會變成一個遊戲製作工具，甚至成為一項新的工具，幫助人們來表達他們的創造力。

▌ 6.2.5　仍是 AI 浪潮中的超級玩家

事實上，在 AI 領域，Google 的成績並不輸於任何一家科技巨頭。

2014 年，Google 收購 DeepMind，曾被外界認為是一種雙贏。一方面，Google 將行業最頂尖的人工智慧研究機構收入麾下，而燒錢的 DeepMind 也獲得了雄厚的資金和資源支援。而 DeepMind 一直是 Google 的驕傲。作為 Google 母公司 Alphabet 的子公司，DeepMind 是世界領先的人工智慧實驗室之一。成立 13 年，它交出的成績單，十分亮眼。

2016 年，DeepMind 開發的程式 AlphaGo 挑戰並擊敗了世界圍棋冠軍李世乭，而相關論文也登上了《自然》雜誌的封面。當時，許多專家認為，這一成就比預期中提前了幾十年。AlphaGo 展示了贏得比賽的創造性，在某些情況下甚至找到了挑戰數千年圍棋智慧的下法。

2020 年，AlphaFold 大爆紅。在圍棋博弈演算法 AlphaGo 大獲成功後，DeepMind 又轉向了基於氨基酸序列的蛋白質結構預測，提出了名為 AlphaFold 的深度學習演算法，並在國際蛋白質結構預測比賽 CASP13 中取得了優異的成績。DeepMind 還計畫發布總計 1 億多個結構預測 —— 相當於所有已知蛋白的近一半，是蛋白質資料銀行（PDB-Protein Data Bank）結構資料庫中經過實驗解析的蛋白數量的幾百倍之多。在過去半個多世紀，人類一共解析了五萬多個人源蛋白質的結構，人類蛋白質組裡大約 17% 的氨基酸已有結構資訊；而 AlphaFold 的預測

結構將這一數字從 17% 大幅提高到 58%；因為無固定結構的氨基酸比例很大，58% 的結構預測幾乎已經接近極限。這是一個典型的量變引起巨大的質變，而這一量變是在短短一年之內發生的。

2022 年 10 月，DeepMind 研發的 AlphaTensor 又登上了自然雜誌封面，這是第一個用於為矩陣乘法等基本計算任務發現新穎、高效、正確演算法的 AI 系統。

2023 年 11 月，Google DeepMind 又推出的天氣預測大模型 ── GraphCast，可以高精度預測出未來 10 天的全球天氣。GraphCast 提供了一種區別於傳統路徑的方法：透過資料，而不是物理方程來建立天氣預報系統。GraphCast 只需要兩組資料作為輸入，6 小時前的天氣狀態和目前的天氣狀態，並預測未來 6 小時的天氣。然後，該過程可以以 6 小時為增量向前滾動，最多可以提前 10 天提供最先進的預測。研究發現，與行業黃金標準天氣模擬系統 ── 高解析度預報（HRES）相比，GraphCast 在 1380 個測試變數中準確預測超過 90%。雖然 GraphCast 沒有經過捕捉惡劣天氣事件的訓練，但還是能比傳統預報模型更早地識別出惡劣天氣事件。並且，GraphCast 還可以預測未來氣旋的潛在路徑，比以前的方法要早 3 天。它還可以識別與洪水風險相關的大氣河流，並預測極端溫度的開始。

同一個月，Google DeepMind 還開發出了全新 AI 工具 GNoME，能夠預測新材料的穩定性，大幅提高了發現新材料的速度和效率，過去，科學家們透過調整已知晶體或試驗新的元素組合來尋找新的晶體結構。這是一個昂貴且耗時的試錯過程。通常需要幾個月的時間才能得到有限的結果。而 DeepMind 使用 AI 材料發現工具 GNoME，預測出了220 萬種新的晶體，其中 38 萬種具有穩定的結構。而在 GNoME 預測

的新的穩定結構中，有 736 種是和其他科學家獨立發現的穩定材料是一致的，說明新發現的材料是客觀真實的。這意謂著，人類發現的穩定晶體數量一下子被提升了接近 9 倍。

此外，Google 發明的 Transformer，是支撐最新 AI 模型的關鍵技術，這其實也是 GPT 的底層技術。最初的 Transformer 模型，一共有6,500 萬個可調參數。Google 大腦團隊使用了多種公開的語言資料集來訓練這個最初的 Transformer 模型。這些語言資料集就包括了 2014 年英語—德語機器翻譯研討班（WMT）資料集（有 450 萬組英德對應句組），2014 年英語—法語機器翻譯研討班資料集（有 3600 萬組英法對應句組），以及賓夕法尼亞大學樹庫語言資料集中的部分句組（分別取了庫中來自《華爾街日報》的 4 萬個句子，以及另外的 1700 萬個句子）。而且，Google 大腦團隊在文中提供了模型的架構，任何人都可以用其搭建類似架構的模型，並結合自己手上的資料進行訓練。也就是說Google 所搭建的人工智慧 Transformer 模型，是一個開源的模型，或者說是一種開源的底層模型。

而在當時，Google 所推出的這個最初的 Transformer 模型在翻譯準確度、英語成分句法分析等各項評分上都達到了業內第一，成為當時最先進的大型語言模型。ChatGPT 正是使用了 Transformer 模型的技術和思想，並在 Transformer 模型基礎上進行擴展和改進，以更好地適用於語言生成任務。

運算能力方面，Google 從 2016 年推出 TPUv1 開始布局 AI 模型運算能力，其最新一代 TPUv4 的運算能力水準全球領先，同時還透過推出 EdgeTPU 和 CloudTPU 實現對於更廣泛場景的運算能力支援。並且，根據 Gartner CIPS 報告，Google 雲端平台（GCP）還是僅次於AWS 和微軟的雲端服務「領導者」——其在廣泛的使用場景中都展現

出強大的性能，並且在提高邊側能力方面取得了重大進展。透過擴展雲端平台能力和業務的規模和範圍以及收購相關公司，Google 逐步成為領先的 IaaS 和 PaaS 提供商。

可以看到，在人工智慧領域，Google 的成績並不輸於任何一家科技巨頭 —— Google 曾引領了上一輪人工智慧演算法的發展，儘管在新一輪人工智慧浪潮中，Google 面臨著更多的挑戰，但顯然，Google 仍是其中的超級玩家。

6.3 | 放棄元宇宙，Meta 的努力

> 在大模型市場中，Meta 是重要的變數。

與 OpenAI、Google 和其他人工智慧公司不同，Meta 走的是開源大模型的道路。一直以來，因為開源協定問題，很多大模型都不可免費商用，但 Meta 卻打破了這一狀況，Meta 接連發布的 Llama 大模型系列被認為是 AI 社群內最強大的開源大模型。這不僅奠定了 Meta 在大模型行業的重要地位，也為大模型的市場格局帶來了諸多變數和衝擊。

▌6.3.1 從元宇宙轉向大模型

2024 年初，Meta 迎來了屬於自己的高光時刻。就在 2 月，Meta 重回萬億美元市值，創下美股歷史最高單日漲幅記錄。其股價一天內暴漲

逾 20%，市值更是一夜狂漲 2,045 億美元，折合人民幣 1.5 萬億左右，相當於一夜漲出了一個阿里巴巴。要知道，在 2023 年初，外界對 Meta 的討論還是字節跳動能否超越 Meta，張一鳴有沒有機會逆襲祖克柏。僅僅只過了一年，事情就發生了兩極反轉 —— Meta 拿出了史上最強財報，完成了逆襲。

Meta 股價強勁上漲的背後，最核心的原因就在於 Meta 放棄了元宇宙而轉向了大模型。可以說，是因為搭上 AI 快車，布局超級計算中心、AI 晶片等更多新賽道，才讓 Meta 迎來了曙光。

Meta 為元宇宙所做的布局是全世界有目共睹的，在祖克柏看來，VR 代表了未來人類互動的數字世界的方向，甚至不惜將公司 Facebook 改名為 Meta。就結果而言，祖克柏的押注看起來像是一個巨大的失敗。

Meta 花費了幾百億美元在元宇宙的項目之上，依然沒法確定能製造出普通人喜歡的產品。負責虛擬實境和虛擬實境業務的 Reality Labs（現實實驗室）部門是 Meta 主要負責「元宇宙」相關業務的部門。而根據 Meta 的財報，Reality Labs 業務在去年第四季度虧損 46.46 億美元，同比前一年虧損 42.79 億美元無疑是更為承壓；全年虧損 161.2 億美元，而 2022 財年該業務虧損 137.17 億美元。

從技術角度來說，目前的元宇宙就是一個炒作，並且是 Meta 為了給資本市場講故事而包裝出來的概念。原因很簡單，Meta 在當時面臨著非常大的挑戰，也就是它的核心業務社交娛樂正在面臨 TikTok 的直接挑戰。所以 Meta 急需要一個新的概念來說服投資者，但是元宇宙這個宏觀的敘事太過於虛幻，甚至未來 5 年內我們都不可能看到元宇宙的實現。

在這樣的背景下，Meta 做出了重要並且關鍵的選擇，那就是及時止損元宇宙的支出，然後對相關的元宇宙業務與人員進行了大規模的裁減，同時轉向更加務實的 AI 研發，包括推出開源大模型，以及藉助於大語言模型技術，對公司業務的改造，尤其是藉助於 AI 技術為旗下的各種娛樂社交提供了更多的創作工具，這讓市場看到了 Meta 在社交娛樂領域使用者黏著度改善的可能性。

可以說是人工智慧拯救了 Meta，而開源大模型的公布，更是讓 Meta 在大模型市場擁有了重要的一席之位。

▌ 6.3.2　開源大模型 Llama 系列

2023 年 2 月，Meta 宣布推出大型語言模型 Llama（Large Language Model Meta AI），正式加入由 OpenAI、Google 等科技巨頭主導的 AI「軍備競賽」中。Llama 是一個類似於 OpenAI 的 ChatGPT 的聊天機器人 AI，訓練資料包括 CCNet、C4、Wikipedia、ArXiv 和 Stack Exchange 等。然而，最初版本的 Llama 僅提供給具有特定資格的學術界人士，採用非商業許可。

祖克柏表示，Llama 旨在幫助研究人員推進研究工作，LLM（大型語言模型）在文字生成、問題回答、書面教材總結，以及自動證明數學定理、預測蛋白質結構等更複雜的方面也有很大的發展前景，能夠降低生成式 AI 工具可能帶來的「偏見、有毒評論、產生錯誤資訊的可能性」等問題。

Meta 提供了 70 億、130 億、330 億和 650 億四種參數規模的 Llama 模型。在一些測試中，僅有 130 億參數的 Llama 模型，性能表現超過了擁有 1,750 億參數的 GPT-3，而且能跑在單個 GPU 上；擁有 650 億參數

的 Llama 模型，能夠媲美 700 億參數的 Chinchilla 和擁有 5400 億參數的 PaLM。

與此同時，所有規模的 Llama 模型，都至少經過了 1T（1 萬億）個 Token 的訓練，這比其他相同規模的模型還要多。例如，Llama 65B 和 Llama 33B 在 1.4 萬億個 Tokens 上訓練，而最小的模型 Llama 7B 也經過了 1 萬億個 Token 的訓練。

從 Llama 的能力評估來看，在常識推理方面 Llama 涵蓋了八個標準常識性資料基準。這些資料集包括完形填空、多項選擇題和問答等。結果顯示，擁有 650 億參數的 Llama 在 BoolQ 以外的所有報告基準上均超過擁有 700 億參數的 Chinchilla。擁有 130 億參數的 Llama 模型在大多數基準測試上也優於擁有 1,750 億參數的 GPT-3。

閉卷答題和閱讀理解方面，Llama 65B 幾乎在所有基準上和 Chinchilla-70B 和 PaLM-540B 不相上下。

在數學推理方面，它在 GSM8k 上的表現依然要優於 Minerva-62B。

在程式碼生成測試上，基於程式設計程式碼開來源資料集 HumanEval 和小型資料集 MBPP，被評估的模型將會收到幾個句子中的程式描述以及輸入輸出實例，然後生成一個符合描述並能夠完成測試的 Python 程式。結果顯示，Llama 62B 優於 cont-PaLM（62B）以及 PaLM-540B。

Llama 在各個方面的能力評估上都有不錯的表現。不過，相比第一代 Llama，2023 年 7 月 19 日發布的第二代 Llama —— Llama 2 不僅在性能上更進一步，並且還是一個完全開源、可以免費商用的大模型。

具體來看，Llama 2 模型系列包含 70 億、130 億和 700 億三種參數變體。此外還訓練了 340 億參數變體，但並沒有發布。

為了建立全新的 Llama 2 模型系列，Meta 以 Llama 1 論文中描述的預訓練方法為基礎，使用了優化的自回歸 Transformer，並做了一些改變以提升性能。Llama 2 的訓練資料比 Llama 多了 40%，上下文長度也翻倍，並採用了分組查詢注意力機制。具體來說，Llama 2 預訓練模型是在 2 萬億的 Token 上訓練的，精調 Chat 模型是在 100 萬人類標記資料上訓練的。總體而言，作為一組經過預訓練和微調的大語言模型（LLM），Llama 2 模型系列的參數規模從 70 億到 700 億不等。其中的 Llama 2-Chat 針對對話案例進行了專門優化。

公布的測評結果顯示，Llama 2 在包括推理、編碼、精通性和知識測試等許多外部基準測試中都優於其他開來源語言模型。

Benchmark (Higher is better)	MPT (7B)	Falcon (7B)	Llama-2 (7B)	Llama-2 (13B)	MPT (30B)	Falcon (40B)	Llama-1 (65B)	Llama-2 (70B)
MMLU	26.8	26.2	45.3	54.8	46.9	55.4	63.4	68.9
TriviaQA	59.6	56.8	68.9	77.2	71.3	78.6	84.5	85.0
Natural Questions	17.8	18.1	22.7	28.0	23.0	29.5	31.0	33.0
GSM8K	6.8	6.8	14.6	28.7	15.2	19.6	50.9	56.8
HumanEval	18.3	N/A	12.8	18.3	25.0	N/A	23.7	29.9
AGIEval (English tasks only)	23.5	21.2	29.3	39.1	33.8	37.0	47.6	54.2
BoolQ	75.0	67.5	77.4	81.7	79.0	83.1	85.3	85.0
HellaSwag	76.4	74.1	77.2	80.7	79.9	83.6	84.2	85.3
OpenBookQA	51.4	51.6	58.6	57.0	52.0	56.6	60.2	60.2
QuAC	37.7	18.8	39.7	44.8	41.1	43.3	39.8	49.3
Winogrande	68.3	66.3	69.2	72.8	71.0	76.9	77.0	80.2

圖 6-2

可以說，在 AI 這條道路上，2023 年 Meta 最明智的決策之一就是相繼開源了一代和二代 Llama，成為了開源大模型的標竿。

要知道，在目前的大模型市場上，由於訓練的成本極高，OpenAI 和 Google 兩大巨頭都選擇了「閉源」，以此確保自己的競爭優勢。而 Meta 的開源商用，是直接挑戰 OpenAI 的「閉源」模式。隨著開源平台的興起，人工智慧競爭格局必將發生重大變化。

2008 年，iPhone 發布後一年，各大手機廠商都在奮力研發作業系統追趕 Apple。微軟有 Windows Mobile、黑莓有 BBOS、諾基亞基於 Linux 系統開發了 Maemo。又過了不到五年，還賣得動的智慧手機要麼來自 Apple，要麼是裝著開源的 Android 系統。現在，Apple 的競爭對手們不再有屬於自己的作業系統，但它們佔據著超過 80% 的智慧手機市場。

Meta 的操作，其實就是在領頭做大模型時代的開源標準。當然，Meta 的開源肯定不是無私奉獻，畢竟商業市場就不是一個講奉獻的地方。Meta 的目標，是用自己的開源人工智慧模型，顛覆 OpenAI 的 ChatGPT 主導地位，瞄準更廣泛的受眾。開源社群爆發出來的強大潛力，也將不斷反哺 Meta。開源的邏輯偏向於大模型達到一定能力後，就擴大新技術的覆蓋範圍，讓更多人使用技術，然後從大量應用中改進模型。而閉源的公司，如 OpenAI 更偏向於技術領先，研發強大模型後再推廣給更多人。就像 iOS 與 Android 在手機作業系統上的競爭，開源與閉源的競爭並不都是在同一維度上的短兵相接，大模型領域也會出現類似的分化。

在這種新的競爭格局下，連 Google 都沒有信心繼續保持領先。2023 年 5 月，Google 一位高級工程師曾在內部撰文稱，儘管 Google 在大模型的品質上仍然略有優勢，但開源產品與 Google 大模型的差距正

在以驚人的速度縮小，開源的模型迭代速度更快，使用者能根據不同的
業務場景做客製開發，更利於保護隱私資料，成本也更低。

在這樣的情況下，Meta 才在 2023 年迎來了股票表現最好的一年，
股票價值幾乎翻了三倍。如果祖克柏能夠保持專注，或許，Meta 真的
有機會轉變為人工智慧巨頭。可以說，一場新的生成式人工智慧領域的
競爭正在展開，憑藉開放協作的力量，Meta 正在以驚人的速度追趕包
括 OpenAI 和 Google 等科技巨頭們建立的領先優勢。

▋ 6.3.3　Meta 正在大步向前

除了開發出 Llama 系列，基於 Llama2，Meta 還打造了人工智慧聊
天機器人 —— Meta AI。

Meta 將其視為一個通用助手，可以處理各種事務，從在群聊中與
朋友計畫旅行到回答您通常會向搜尋引擎詢問的問題。另外，Meta 還
宣布與微軟的 Bing 合作，這意謂著 Meta AI 能夠提供即時網路結果，
這使 Meta AI 與許多其他沒有最新資訊的免費 AI 區分開來。

Meta AI 的另一個重要方面是它能夠透過提示生成像 Midjourney 或
OpenAI 的 DALL-E 這樣的圖像。

Meta 的生成人工智慧副總裁 Ahmad Al-Dahle 表示，與 Llama 2 不
同，他的團隊花了很多時間提煉額外的對話資料集，以便他們能夠建立
一種對話式且友好的口吻，讓助手做出回應。Meta 擴展了模型的上下
文視窗，或者說能夠利用之前的互動來生成模型接下來生成的內容。

Meta 除了面向使用者發布 AI 應用外，其在 AI 運算能力上也做
了許多布局。根據祖克柏的說法，Meta 將在 2024 年年底前部署超過

35 萬塊輝達 H100 用於訓練大模型。而根據 Omdia 的統計,過去一年 Meta 購置的 H100 數量已經是除微軟外科技企業的至少三倍。

不過與其依賴於輝達,Meta 顯然更希望加強自研實力。2023 年 5 月,祖克柏就透露 Meta 正在建設一個全新的人工智慧資料中心,並投入大量資金研發 AI 推理晶片。2024 年 1 月底,Meta 官方發言人透露,第二代自研 AI 晶片 Artemis 將於今年內投產。目前關於 Artemis 的更多訊息尚未公布,但據悉上一代產品 MTIA V1 採用了台積電 7nm 先進制程技術,執行頻率為 800MHz,第二代產品的性能預計將有大幅提升。

無論是在開源 AI 大模型上的突飛猛進,還是在晶片、運算能力等方面的積極運作,Meta 都在 AI 領域大步向前,現今,Meta 在科技圈的形象已經重塑。

6.4 Anthropic,OpenAI 的最強競爭對手

在大模型行業,除了老牌的科技巨頭激烈競爭外,一批新的 AI 獨角獸也開始湧入這一波大模型的浪潮中 —— 如果說 OpenAI 是行業老大的話,初創公司 Anthropic 則是當仁不讓的老二,甚至被稱為 OpenAI 的最強競爭對手,有意思的是,Anthropic 的創始團隊就來自 OpenAI。

6.4.1 離開 OpenAI 後創立 Anthropic

Anthropic 作為一家成立不到 2 年的公司,目前已經成為矽谷最受資本歡迎的人工智慧公司,業內排名第二,僅次於 OpenAI。

Anthropic 最神奇的是它的來歷 —— Anthropic 創始團隊是 GPT 系列產品的早期開發者。2020 年 6 月，OpenAI 發布第三代大語言模型 GPT-3。半年之後，負責 OpenAI 研發的研究副總裁達里奧·阿莫迪（Dario Amodei）和安全政策副總裁丹妮拉·阿莫迪（Daniela Amodei）就決定離職，創立一家與 OpenAI 有不一樣價值觀的人工智慧公司 —— Anthropic。

達里奧和丹妮拉是一對親兄妹，達里奧·阿莫迪於 1983 年出生於義大利，並在美國長大，他是義大利和美國混血兒。2006 年在史丹佛大學完成了本科學習獲得物理學學士學位後，前往普林斯頓大學完成了物理學和生物物理學的博士學位。在離開校園後，達里奧先後在百度和 Google 進行工作，並在 2016 年加入 OpenAI。

2019 年，OpenAI 宣布將從非營利組織重組為「有限盈利」組織，隨後，微軟投資了 10 億美元，以繼續開發向善的人工智慧。OpenAI 的重組最終引發了關於組織方向的內部緊張局勢，該組織的目標是「建構安全的通用人工智慧並與世界分享其好處」。特別是，對於 OpenAI 是否會壟斷人工智慧領域的「產業困擾」引發了 OpenAI 內部許多人的擔憂，這也為達里奧離開 OpenAI，創立 Anthropic 埋下了伏筆。

達里奧將從 OpenAI 離開並創立 Anthropic 的決定描述如下：「在 OpenAI 內部有一群人，當我們創造 GPT-2 和 GPT-3 後，對兩件事有非常強烈的信念。我認為比大多數人更加堅信這兩點。一是認為這些模型中投入的計算資源越多，它們會變得越好，幾乎沒有盡頭。我認為現在這個觀點得到了更廣泛的認可，但我們是最早的信仰者。第二點是認為需要除了僅僅擴大模型規模之外的東西，那就是對齊或安全性。僅僅透過增加計算資源並不能告訴模型它們的價值觀。所以我們秉持著這個想法，成立了自己的公司。」

達里奧的妹妹丹妮拉‧阿莫迪在加州大學聖克魯茲分校獲得了英語文學、政治和音樂的文學學士學位，並以最高榮譽畢業。

2010 年，丹妮拉開始了她的職業生涯，先是在馬里蘭大學學園中心的國際發展專案工作，然後在 Conservation Through Public Health 擔任研究員，接著在 Matt Cartwright 競選國會工作，並在 2013 年為美國眾議院工作。

隨後丹妮拉開始進入企業界，她在 2013 年加入了 Stripe，2018年，她加入了 OpenAI，先是擔任工程經理和人力資源副總裁，隨後成為安全和政策副總裁，負責監督技術安全和政策職能，並管理業務營運團隊。

在 2020 年 12 月，達里奧離開 OpenAI 開始創業後，包括他的妹妹丹妮拉在內的其他 14 名研究人員也離開 OpenAI 加入 Anthropic。

▌6.4.2　為了安全的努力

自成立以來，Anthropic 將其資源投入到「可操縱、可解釋和穩健的大規模人工智慧系統」，強調其與「樂於助人、誠實且無害」（Helpful, Honest, and Harmless）的人類價值觀一致。

Anthropic 成立後不久，發布了一系列研究大規模生成模型的不可預測性的論文。2022 年 2 月，它發表了一篇論文《大型生成模型中的可預測性和驚喜》（Predictability and Surprise in Large Generative Models），分析不可預測的損失。研究發現，儘管模型的準確性隨著模型參數數量的增加而不斷增加，但某些任務（例如三位數加法）的準確性在達到某些參數計數閾值時似乎會飆升。作者寫道：「開發人員無法準確地告訴你，隨著模型規模的擴大，將會出現哪些新行為。」、「例

如，當開發人員增加模型的大小時，完成特定任務的能力有時會突然出現。」這種不可預測性可能會導致意想不到的後果，文章指出，特別是如果僅僅為了經濟利益或在缺乏政策干預的情況下使用。

2022 年 4 月，Anthropic 推出了一種使用偏好建模和來自人類回饋的強化學習（RLHF）方法來訓練「有用且無害」（helpful and harmless）的人工智慧助手的方法。模型與人工助手進行開放性對話，為每個輸入提示生成多個回應。然後人類會選擇他們認為最有幫助和 / 或無害的回應，隨著時間的推移獎勵模型。最終，這種對齊工作使得 RLHF 模型在零樣本和少樣本任務（即完全沒有示範或先前示範有限的任務）中比普通語言模型可能更為強大。

2022 年 12 月，Anthropic 發布了一種新穎的方法 —— 「憲法人工智慧」（Constitutional AI）來訓練有用且無害的人工智慧助手。這一過程包括三個步驟，一是透過監督學習來訓練模型，以遵守來自各種來源（包括聯合國人權宣言）的某些道德原則，二是建立一個類似的偏好模型，三是使用偏好模型作為初始模型的判斷器，透過強化學習逐步提高其輸出。

達里奧認為，這種憲法人工智慧模型可以按照任何選定的原則進行訓練：「我們首先告訴模型，將按照憲法行事。我們有一個模型按照憲法行事，然後另一個模型看憲法，看任務和回應。所以如果模型說，要保持政治中立，而模型回答說，我喜歡唐納・川普，那麼第二個模型，也就是批評者，應該說，你表達了對一位政治候選人的偏好，你應該保持政治中立。AI 評估 AI。AI 取代了人類承包商過去的工作。如果運作良好，我們得到的結果將符合所有這些憲法原則。」這個過程被稱為「從 AI 回饋中進行強化學習」（RLAIF），實際上自動化了 RLHF 中

人類的角色，使其成為可擴展的安全措施。同時，憲法人工智慧增加了
這些模型的透明度，因為這些人工智慧系統的目標和目的變得更容易
解讀。

▌6.4.3　GPT 的最強競品

Anthropic 不僅被稱為 OpenAI 的最強競爭，Anthropic 旗下的 Claude
系列 —— 同樣被稱為 GPT 的最強競品。

2022 年 11 月 30 日，ChatGPT 發布，2023 年 3 月，Anthropic 就推
出了類 ChatGPT 產品 —— Claude。Anthropic 指出，Claude 的答案據稱
比其他聊天機器人更有幫助且無害，還具有解析 PDF 文件的能力。如
果根據 Vox 的報導，Claude 已經開發完成的時間比 ChatGPT 還要早。
Vox 報導稱，Anthropic 早在 2022 年 5 月就研發出了能力和 ChatGPT 不
相上下的產品，但並沒有選擇對外發布，因為擔心安全問題，而且，它
不想成為第一家引起轟動的公司。

儘管實際推出比 ChatGPT 晚了 3 個月，Claude 仍然是全球最快跟
進推出的類 ChatGPT 產品。與之相比，Google 直到 5 月才為其聊天機
器人 Bard 接入差不多的生成式模型 PaLM2。

類似的近身競爭之後又出現了一次。2023 年 3 月 14 日，OpenAI
推出能力更強大的多模態模型 GPT-4。同年 7 月，Claude 2 就發布了。
該版本旨在提供更好的對話能力、更深入的上下文理解以及比其前身更
好的道德行為。Claude 2 的參數數量比上一次迭代翻了一倍，達到 8.6
億個，而其上下文視窗顯著增加到 100k 個標記（大約 75k 個單字），
理論上限為 200k。

就在 OpenAI 宮鬥的那一周，Claude 2.1 發布，具有 20 萬上下文窗口，API 比 GPT-4 Turbo 便宜 20%。上下文視窗的大小直接影響語言模型在生成答案時能夠同時考慮多少資訊。Anthropic 表示，Claude 2.1 的上下文視窗大約相當於 150,000 個單字或超過 500 頁的內容。這使得使用者可以上傳整個程式碼庫、財務報告，甚至像《伊里亞德》或《奧德賽》這樣的大型文學作品供模型處理，為應用提供更廣泛的可能性。這一突破性的特性使得 Anthropic 再次成為市場上最具專注性的 AI 模型供應商之一。

儘管根據初步測試，還沒有跡象顯示 Claude 2.1 在品質方面足以超越 GPT-4 Turbo，但其在安全性領域表現出了優勢。Anthropic 公司表示，相對於其前身 Claude 2.0，Claude 2.1 的幻覺率減少了一半。這一重要的改進意謂著組織可以更加自信和可靠地建構 AI 應用程式，從而提高效率和準確性。

與 Claude 2.1 的發布一同推出的還有一個名為「工具使用」的測試功能，使 Claude 能夠更好地與使用者的現有流程、產品和 API 整合。Claude 現在可以編排開發人員定義的功能或 API，搜尋網路資源，並從私有知識庫中檢索資訊，為使用者提供更多的智慧支援。為了讓 Claude API 使用者更容易測試新的呼叫並加快學習曲線，開發者控制台已經得到了簡化。新的工作台允許開發者在一個富有趣味的環境中處理提示，並訪問新的模型設置來調整 Claude 的行為，使開發過程更加順暢。Claude 2.1 目前已經透過 API 提供，並在 claude.ai 上支援免費和專業版計畫的聊天介面。

並且，GPT-4 收取 20 美元，Claude 則實行免費策略。這為不願付費但又想使用高品質生成式 AI 服務的使用者多提供了一個選擇。對

Claude 則意謂著，它只需要跟同樣單模態（只處理語言，不處理圖片）的 GPT-3.5 競爭就可以了。

6.4.4 全面超越 GPT-4

在和 OpenAI 的競爭中，Anthropic 從未停止腳步，如果說 Claude 2.1 還難以超越 GPT-4 Turbo，那麼 2024 年 3 月 6 日 Anthropic 發布的新一代 Claude 3 則被全面超越了 GPT-4。

新的 Claude 3 系列包含三個模型，按能力由弱到強排列分別是 Claude 3 Haiku、Claude 3 Sonnet 和 Claude 3 Opus。

其中 Claude 3 Opus 是智慧程度最高的模型，支援 200k Token 上下文視窗，在高度複雜的任務上實現了目前 SOTA 的性能。該模型能夠以絕佳的流暢度和人類水準的理解能力來處理開放式 Prompt 和未見過的場景。Opus 在多項基準測試中得分而言都超過了 GPT-4 和 Gemini 1.0 Ultra，在數學、程式設計、多語言理解、視覺等多個維度樹立了新的行業基準。Anthropic 表示，Claude 3 Opus 擁有人類本科生水準的知識。

Claude 3 Sonnet 在智慧程度與執行速度之間實現了理想的平衡，尤其是對於企業工作負載而言。與同類模型相比，它以更低的成本提供了強大的性能，並專為大規模 AI 部署中的高耐用性而設計。Claude 3 Sonnet 支援的上下文視窗為 200k Token。

Claude 3 Haiku 是速度最快、最緊湊的模型，具有近乎即時的回應能力。Claude 3 Haiku 支援的上下文視窗同樣是 200k，該模型能夠以無與倫比的速度回答簡單的查詢和請求，使用者透過它可以建構模仿人類互動的無縫 AI 體驗。

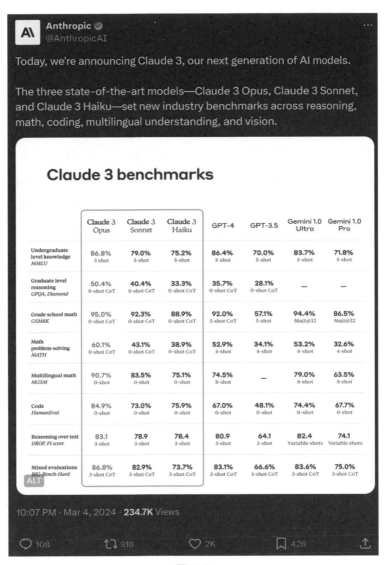

圖 6-3

Claude 系列也首次擁有了多模態的能力 —— Claude 3 具有與其他
頭部模型相當的複雜視覺功能。它們可以處理各種視覺格式資料，包括

照片、圖表、圖形和技術圖表。現在,使用者已經可以上傳照片、圖表、文件和其他類型的非結構化資料,讓 Claude 3 進行分析和解答。

此外,這三個模型也延續了 Claude 系列模型的傳統強項 —— 長上下文視窗。其初始階段支援 200k Token 上下文視窗,不過,Anthropic 表示,三者都支援 100 萬 Token 的上下文輸入(向特定客戶開放),相當於英文版《白鯨》或《哈利‧波特與死亡聖器》的長度。不過,在定價上,能力最強的 Claude 3 也比 GPT-4 Turbo 要貴得多:GPT-4 Turbo 每百萬 Token 輸入 / 輸出收費為 10/30 美元;而 Claude 3 Opus 為 15/75 美元。

根據 OpenAI 的技術報告,相較於前面幾代的 Claude,Claude3 的智能水準直接突飛猛進。讓 Claude 3 扮演經濟分析師,在開放式的問題面前,它也能給出非常專業的分析結果。比如,給 Claude 3 發一張美國過去二十多年的 GDP 圖,讓它預測下未來幾年美國經濟的大致走向。短短幾秒,它不僅生成了結果,而且還預測出了好幾十種走向。此外,Claude 3 還能夠讀懂論文、分析論文、解釋論文。用 Anthropic 的話說,Claude 3 系列模型在推理、數學、編寫程式碼、多語言理解和視覺方面,都樹立了新的行業基準。

更重要的是,Anthropic 認為,Claude 3 是值得信任的。Anthropic 有多個專門的團隊負責追蹤和減輕各種風險,這些風險範圍廣泛,包括錯誤資訊和兒童性虐待材料(CSAM)、生物濫用、選舉干預和自主複製技能。Anthropic 表示繼續開發諸如憲法人工智慧(Constitutional AI)等方法,以提高模型的安全性和透明度,並調整模型以減輕新模態可能引發的隱私問題,解決日益複雜的模型中的偏見是一個持續的努力,Anthropic 在這個新版本中取得了進展。正如模型卡片所示,根據問題

回答偏見基準（Bias Benchmark for Question Answering，簡稱 BBQ），
Claude 3 表現出的偏見比之前的模型要少。Anthropic 致力於推進減少偏
見和促進模型更大中立性的技術，確保它們不會偏向任何特定的黨派
立場。

　　雖然 Claude 3 模型系列在生物知識、網路相關知識和自主性等關
鍵指標上比之前的模型有所進步，但根據 Anthropic 的負責任擴展政
策，它仍然處於人工智慧安全等級 2（AI Safety Level 2，簡稱 ASL-
2）。Anthropic 表示將繼續仔細監控未來的模型，以評估它們接近 ASL-3
閾值的程度。

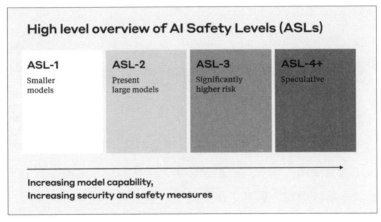

圖 6-4

　　Anthropic 的 Claude 已用於各種不同的行業，比如客戶服務和銷
售，2023 年 8 月，韓國領先的電信營運商 SK Telecom 宣布與公司建立
合作夥伴關係，在廣泛的電信應用中使用 Claude，尤其是客戶服務。再
比如，Claude 擴展的上下文視窗允許其讀取和寫入更長的文件，這可
用於解析法律文件，Claude 在律師考試中取得了 76.5% 的成績，也可
以為律師提供支援。Claude 還可以整合到各種辦公工作流程中，Claude

App for Slack 就是在 Slack 平台上建構的。只要經過使用者許可，它便可以存取即時訊息並作出回應。

2023 年是 Anthropic 展開瘋狂融資節奏的一年，5 月，Anthropic 在 Spark Capital 領投的融資中籌集了 4.5 億美元。到了下半年，Anthropic 幾乎短短幾個月就會宣布一輪融資。8 月，韓國最大的移動營運商之一 SK Telecom（SKT）獨家投資 1 億美金；9 月亞馬遜投了 40 億美金；10 月，Google 加注 20 億美金。目前，Anthropic 的估值已達 300 億美元，是僅次於 OpenAI 的通用大模型企業。Anthropic 的假設是，處於人工智慧發展的尖端是引導其走向積極社會成果的最有效方式。

6.5　大模型的下一步，路在何方？

自 ChatGPT 問世以來，全球科技界就掀起了以大模型為代表的新一輪人工智慧浪潮。眾多科技巨頭和研究機構都想在這輪浪潮中分得一杯羹，於是紛紛進軍大模型，呈現出「百模大戰」甚至「兩百模大戰」的競爭發展態勢。

然而，上百個大模型競相迸發的背後，有限的賽道資源卻使得其逐漸同質化的趨勢初現端倪。特別是在中國，從百度、阿里等網際網路大廠，以及訊飛、360 等各賽道頭部玩家，大模型產品的介面、功能、使用方式都近乎一致。在讓人眼花撩亂的大模型榜單上，似乎每一個大模型都曾拿過第一，都可分分鐘碾壓 GPT-4。

百模大戰，戰況如何？大模型的下一步，路又在何方？

▋ 6.5.1　99% 的大模型終將失敗

ChatGPT 的成功毋庸置疑，它是人工智慧的質變，也將帶來的可以預知的革命。無論我們是否贊同，以 ChatGPT 為代表的大模型都已經或者正在改變世界。ChatGPT 的爆發就像一個開關，觸發了科技巨頭們的競爭欲，並在全球範圍內掀起了一場大模型的激戰，畢竟，面對人工智慧具備的顛覆性力量，誰也不想在人工智慧技術上掉隊。

但必須要承認的是，入局大模型並不是一件容易的事，而現今的大模型更是陷入了一場混戰中。想要成功訓練出大模型，資料、演算法、運算能力缺一不可，根據 Semianalysis 估算，ChatGPT 一次性訓練用就達 8.4 億美元，生成一條資訊的成本在 1.3 美分左右，是目前傳統搜尋引擎的 3 到 4 倍，這是 OpenAI 培育 ChatGPT 的成本。OpenAI 就曾因為錢不夠也差點倒閉。ChatGPT 的成功也規定了入局的門檻，後來者必須同時擁有堅實的 AI 技術和充裕的資金。

而一直以來，訓練階段的沉沒成本過高，就導致人工智慧應用早期很難從商業角度量化價值。隨著運算能力的不斷提高、場景的增多、翻倍的成本和能耗，人工智慧的經濟性將成為橫梗在想要自主研發大模型公司面前的問題。可以說，對於大多人企業和開發人員來說，開發如同 ChatGPT 這樣的自己的聊天機器人模型是完全遙不可及的。

然而，反觀目前的大模型市場，特別是在中國市場上，如果搜尋「大模型，超越 GPT-4」可以發現，多家國產大模型號稱在多個維度已超越 OpenAI 旗下的 GPT-4，且有模有樣地曬出對應的大模型評測榜單「跑分」，比如某大模型宣稱「基模型 12 項性能超越 GPT-4」。相對來說，源自頂尖學術機構的大模型對自己的水準更嚴謹一些，它們往往不

會過度強調排名資料，而科技巨頭雖然會有一些「包裝」但也不會太離譜，頂多只會宣稱「明年挑戰 GPT-4」「已達到 GPT3.5 的水準」。

對於大模型來說，想要證明實力，似乎離不開「測試」和「跑分」，即跑一些機構的大模型評測體系的測試資料集來「拿分」再排名。當下，市面上的評測工具（系統）不下 50 個，既有來自專業學術機構的，也有來自市場運作組織的，還有一些媒體也推出了對應的大模型榜單。在不同大模型「跑分」榜單中，同一個大模型的表現可能相差甚大，在 2023 年 8 月 28 日，SuperCLUE 發布的中文大模型 8 月榜單，GPT-4 排名第一，百川智慧的 Baichuan-13B-Chat 排在中文榜單首位；在 9 月的開源評測榜單 C-Eval 最新一期排行榜中，雲天勵飛大模型「雲天書」排在第一，GPT-4 名列第十。

進入 2024 年，大模型已經進入到應用落地階段，在這個階段裡，盲目地捲入大模型競爭其實是毫無意義的。可以說，最終，99% 的生成式大語言模型都會失敗，能夠成功的只有 1%。

究其原因，一方面，一旦通用大模型形成之後，就像微軟的 Windows，Google 的安卓系統，Apple 的 iOS 系統，以及大數據搜尋工具 Google、百度一樣，這些平台型的通用技術一旦形成，市場一定會快速的進入馬太效應，最後一定是形成一家獨大與壟斷的局面。目前，大模型市場上，除了 OpenAI 打頭陣，Anthropic 緊隨其後，再加上老牌的科技巨頭紛紛推出自家大模型外，其他在資料、演算法、運算能力以及資金方面毫無優勢的企業，再捲入大模型混戰，並沒有更多價值和意義。

另一方面，則是生成式大語言模型目前已經面臨著非常重大的挑戰，也就是在機器自我生成內容的這種優勢下，面臨著各種虛假資訊的

生成，也就是人工智慧幻覺的問題。如果這個問題不能得到有效的解決，生成式大語言模型就無法進入通用人工智慧的階段。

　　說到底，大模型的訓練是一場燒錢的遊戲，並不是每家企業都能參與其中。而在沒有決出最終的贏家之前，無論怎樣的選擇，對於專注大模型的創業公司來說都會是一場無法看清未來的賭注。不可否認，從研發和商用化的角度考慮，大模型是一個具有革新意義的產品，對於人工智慧技術而言，一旦獲得了根本性的突破，就意謂著即將引發新一輪的產業與商業革命。正是由於這種技術的突破依賴於核心技術以及龐大的資金投入，因此，如果沒有形成核心技術，或為自己的產品及服務建構出足夠堅固的護城河，而只是依賴於概念的關聯性炒作，或者套殼應用，終究會被市場拋棄。

▎6.5.2　小模型，點燃 AI 商業市場

　　從人工智慧產業的角度來看，GPT 的技術突破讓我們看到了人工智慧大規模商業化的可能，但目前，我們也確實還只是處於一個人工智慧的應用起步階段，或者說人類即將進入人工智慧時代的一個初期階段。而如何透過人工智慧賦能目前的各種職業，進行效能的有效提升，將會是接下來人工智慧產業的重點。

　　顯然，人工智慧想要向前發展，一定不是僅僅侷限於回答問題和生成內容，還在於它能夠在現實世界中承擔更實際的任務。在過去，甚至是現在，人工智慧都主要集中於處理資訊，比如回答問題、生成內容。

　　在這樣的背景下，我們需要的，或者說人工智慧產業所需要的，是就是藉助於大模型，對細分與垂直行業進行賦能與效率提升，這種研發

才具有可預期的商業化落地價值 —— 透過打造垂直行業的「小模型」，讓人工智慧能夠更深入地介入人們的生活和工作，並透過自主地執行任務和計畫，實現了從資訊到行動的重要轉變，是人工智慧發展的必然。

也就是說，A 大模型只是我們通向 AI 時代的技術基礎，而只有垂直行業的「小模型」並利用其對社會進行賦能，才能使我們到達真正 AI 時代。

許多機構和企業也對此做出了探索。比如，彭博社憑一己之力將建構出迄今為止最大的金融領域資料集，訓練了專門用於金融領域大語言模型的 LLM，並開發了擁有 500 億參數的語言模型 —— BloombergGPT。頂著全球首個金融大模型的光環，BloombergGPT 依託彭博社大量的金融資料來源，建構了一個 3,630 億個標籤的資料集。

高金智庫分析，它可極大提高金融機構的工作效率及穩定性，協助降本增效。在降本層面，BloombergGPT 可以在投研、研發程式設計、風險控制及流程管理等方面減少人員投入；增效層面，它既可以透過給定的主題和語境，自動生成高品質的金融報告、財務分析報告及招股書，同時輔助會計和審計方面的工作，還可提煉梳理財經新聞或者財務資訊，釋放專業人力到更需要人工專業的領域。

天風證券則在報告中指出，由於 BloombergGPT 比 ChatGPT 擁有更專業的訓練語料，它將在金融場景中表現出強於通用大模型的能力，進而也標誌著金融領域的 GPT 革命已經開始。

BloombergGPT 只是大模型落地金融行業的一個典型案例，在醫療行業，Google、微軟等科技巨頭，Sensely、Enlitic 等醫療科技公司，AbSci、Exscientia 等生物醫藥初創企業，以及賽紐仕等 CXO（醫藥外包）企業，也開始了相關的探索。

　　其中，Google 的 Med-PaLM2 是被關注的重點。它是第一個在美國醫師執照考試（USMLE）的 MEDQA 資料集上達到「專家」考生水準的大模型，其準確率達 85 分以上；也是第一個在包括印度 AIIMS 和 NEET 醫學考試問題的 MEDMCQA 資料集上達到及格分數的人工智慧系統，得分為 72.3 分。

　　Med-PaLM2 也正對行業帶來變革性影響。透過 Med-PaLM2，可以分析大規模的生物醫藥資料，發現與疾病相關的基因、蛋白質和代謝途徑，識別潛在的靶點，幫助篩選具有潛在活性的藥物分子，從而縮小候選藥物的範圍，並優先選擇具有較高活性的化合物進行後續實驗驗證。備受時間煎熬的新藥研發，則將因此縮短研發週期，降低研發成本。

　　Med-PaLM2 的成功，刺激 Google 在醫療大模型領域投入更多。比如，與醫療軟體公司 Epic 合作，開發了一種基於 ChatGPT 的，可向患者自動發送專業醫療資訊的工具；Google 的合作方、護理供應商 Carbon Health 也基於 GPT-4 推出了一種 AI 工具 Carby，它可以根據醫生病人之間的對話，自動生成診斷記錄，大幅提高醫生的效率和診斷體驗。目前 Carby 已經被 130 家以上診所、超過 600 名醫療人員使用，舊金山的一家診所表示，使用了 Carby 後，其就診病人數量增加了 30%。

　　除了 Google 之外，輝達也在醫療大模型領域布局多年。2022 年 9 月，輝達發布了用於訓練和部署超算規模的大型生物分子語言模型 —— BioNeMo，幫助科學家更好地瞭解疾病並尋找治療優解，BioNeMo 還提供雲端 API 服務支援預訓練 AI 模型。

　　教育領域也是大模型應用落地的重要場景之一，其核心應用主要集中於語言學習、線上課程與輔助學習三個層面。目前，美國線上教育組織 Khan Academy 於 2023 年 4 月發布的基於 GPT-4 模型，具有輔導

教學、教案生成、寫作訓練、程式設計練習等功能的 AI 助教 Khanmigo 已經實現商業化運作，付費標準為 9 美元 / 月或者 99 美元 / 年。其中，輔導教學可以為學生進行一對一輔導。Khanmigo 會主動解釋答題思路，並引導學生進行答題的思維訓練，直至學生自己計算出正確答案；此外，Khanmigo 還可以作為寫作指導老師，根據人物特徵、故事背景等具體細節，提示和建議學生以不同的切入點進行寫作、辯論等，釋放學生的創造力。

或許很快，垂直行業的「小模型」就會成為日常生活和工作中的生產力工具，它們不僅是文字生成的工具，還可以主動地執行任務、做決策，就像過去人類幻想的真正的人工智慧一樣。從醫療問診、輔助教育，到書籍出版，垂直行業的「小模型」將存在於各個行業和每一項可以被想像出的任務之中。透過垂直行業的「小模型」，我們才能將 AI 真正應用於現實問題，真正實現從資訊到行動的轉變，進入一個更具實質性影響的 AI 時代。

7.1 被困在運算能力裡的大模型

不管是 GPT 系列的成功，還是 Sora 的成功，歸根到底都是大模型工程路線的成功，但隨之而來的，就是模型推理而帶來的巨大運算能力需求。目前，運算能力短缺已經成為制約大模型以及人工智慧發展的一個不可忽視的因素。

7.1.1 飛速增長的運算能力需求

人類數位化文明的發展離不開運算能力的進步。

在原始人類有了思考後，才產生了最初的計算。從部落社會的結繩計算到農業社會的算盤計算，再到工業時代的電腦計算。

電腦計算也經歷了從上世紀 20 年代的繼電器式電腦，到 40 年代的電子管電腦，再到 60 年代的二極體、三極管、電晶體的電腦，其中，電晶體電腦的計算速度可以達到每秒幾十萬次。積體電路的出現，計算速度在 80 年代實現了顯著提升，從幾百萬次幾千萬次，到現在的幾十億、幾百億、幾千億次。

人體生物研究顯示，人的大腦裡面有六張腦皮，六張腦皮中神經聯繫形成了一個幾何級數，人腦的神經突觸是每秒跳動 200 次，而大腦神經跳動每秒達到 14 億億次，這也讓 14 億億次成為電腦、人工智慧超過人腦的轉捩點。可見，人類智慧的進步和人類創造的計算工具的速度有關。從這個角度來講，運算能力可以說是人類智慧的核心。而大模型之所以如此「聰明」，也離不開運算能力的支援。

作為人工智慧的三要素之一，運算能力構築了人工智慧的底層邏輯。運算能力支撐著演算法和資料，運算能力水準決定著資料處理能力的強弱。在人工智慧模型訓練和推理運算過程中需要強大的運算能力支撐。並且，隨著訓練強度和運算複雜程度的增加，運算能力精度的要求也在逐漸提高。

2022 年，ChatGPT 的爆發，帶動了新一輪運算能力需求的爆發，對現有運算能力帶來了挑戰。根據 OpenAI 披露的相關資料，在運算能力方面，ChatGPT 的訓練參數達到了 1,750 億、訓練資料 45 TB，每天生成 45 億字的內容，支撐其運算能力至少需要上萬顆輝達的GPUA100，單次模型訓練成本超過 1,200 萬美元。

儘管 GPT-4 發布後，OpenAI 並未公布 GPT-4 參數規模的具體數位，OpenAI CEO 山姆・奧特曼還否認了 100 萬億這一數字，但業內人士猜測，GPT-4 的參數規模將達到萬億級別，這意謂著，GPT-4 訓練需要更高效、更強勁的運算能力來支撐。

Sora 的發布，更是進一步加劇了運算能力焦慮，甚至推高了輝達和 ARM 的股價。事實上，在 2022 年底，OpenAI 的 ChatGPT 橫空出世帶來的生成式 AI 大爆發，就讓輝達實現了營收股價雙飆升。而 2024年初，輝達股價再次飆升背後的外部驅動力依然來自於 OpenAI 的 Sora的推出，隨著影片逐漸成為資訊傳遞和獲取的首選介質，Sora 帶來的影響是空前的。從文字生成到圖片生成再到影片生成，所需要的運算能力都是以指數等級增加的。Sora 的本質是可以理解成是一種融合擴散模型和 Transformer，即在擴散模型基礎上的 Transformer 模型，隨著 Transformer 架構持續升級，所需參數量有望增加，在假設 Sora 應用的 Transformer 架構與 ChatGPT Transformer 架構相同且參數量相同情況

下，Sora 架構的訓練與傳統大語言模型 Transformer 架構的訓練運算能力需求存在近百倍差距，進而帶來對輝達 AI 運算能力 GPU 的百倍需求提升。

不僅如此，生成式大模型的突破，還帶動了人工智慧應用落地的加速，不論是基於大語言模型，還是基於行業垂直應用的專業性模型，這些生成式人工智慧的應用落地，都意謂著運算能力需求將會呈幾何級數級的增長。並且，人工智慧技術的突破，還將推動包括機器人在內的各種終端的智慧化發展速度，而終端的智慧化也將產生更為龐大的資料，由此帶來運算能力需求的進一步增長。

可以說，在大模型時代，或者說在人工智慧時代，決定著人工智慧能夠走得有多遠、有多廣、有多深的基礎就在於運算能力。

▍7.1.2 打造萬億美元晶片帝國

為了解決運算能力問題，奧特曼甚至宣布要建構價值高達 7 萬億美元的 AI 晶片基礎設施 —— 這一計畫也被人們稱為「晶片帝國計畫」。

7 萬億美元絕不是一筆小數目，不僅相當於全球 GDP（中國生產總值）的 10%，美國 GDP 的四分之一（25%），中國 GDP 的五分之二（40%），而且抵得過 2.5 個微軟、3.75 個 Google、4 個輝達、7 個 Meta、11.5 個特斯拉市值。

同時，有網友估算，如果奧爾特曼拿到 7 萬億美元，可以買下輝達、AMD、台積電、博通、ASML、三星、英特爾、高通、ARM 等 18 家晶片半導體巨頭。剩下的錢還能再「打包」Meta，再帶回家 3,000 億美元。

另外，7 萬億美元還是去年全球半導體產業規模的 13 倍以上，而且高於一些全球主要經濟體的國債規模，甚至比大型主權財富基金的規模更大。

一旦達成 7 萬億美元籌資目標，奧爾特曼和他的 OpenAI 將重塑全球 AI 半導體產業。美國消費新聞與商業頻道（CNBC）直接評論，稱呼「這是一個令人難以置信的數字。這（OpenAI 造芯）就像是一場登月計畫。」

奧爾特曼這一計畫可以說是非常瘋狂，但又容易理解。對於 OpenAI 來說，想要推出 GPT-5，或是進一步發展更先進的大模型，都需要運算能力。根本原因就在於，隨著模型變得越來越複雜，訓練所需的計算資源也相應增加。這導致了對高性能計算設備的需求激增，以滿足大規模的模型訓練任務。

奧爾特曼曾多次「抱怨」AI 晶片短缺問題，在 ChatGPT 剛誕生並受到關注的時候，奧爾特曼就已經有了這樣的危機意識。在 2023 年 5 月 Humanloop 舉辦的閉門會議上，奧爾特曼曾透露，AI 進展嚴重受到晶片短缺的限制，OpenAI 的許多短期計畫都推遲了。經常使用 GPT 的使用者其實能明顯感覺到 OpenAI 的運算能力限制，比如 GPT 的各種卡頓，甚至是變笨，都是因為晶片短缺造成的。並且，奧爾特曼也曾表示，因為「晶片」的問題，讓 OpenAI 沒辦法提供使用者更多的功能。

尤其是現在 OpenAI 已經開始訓練包括 GPT-5 在內的超大模型，如果無法獲得足夠晶片，這會拖慢 OpenAI 的開發進度。OpenAI 聯合創始人兼科學家 Andrej Karpathy 發文稱，GPT-4 在大約 1~2 萬五千張 A100 晶片上進行訓練。而馬斯克推測稱，GPT-5 可能需要 3~5 萬塊 H100 晶片才可以完成。市場分析認為，隨著 GPT 模型的不斷迭代升級，未來 GPT-5 或許將出現無「芯」可用的情況。

此外，運算能力成本的上升也是一個不可忽視的問題。隨著運算能力的不斷增長，購買和維護高性能計算設備的成本也在不斷增加。這對於許多研究機構和企業來說是一個重大的經濟負擔，限制了他們在 AI 領域的發展和創新。

輝達的 H100 價格已經飆升至 2.5~3 萬美元，這意謂著 ChatGPT 單次查詢的成本將提高至約 0.04 美元。而輝達已經成為了 AI 大模型訓練當中必不可少的關鍵合作方。據富國銀行統計顯示，目前輝達在資料中心 AI 市場擁有 98% 的市場佔有率，而 AMD 公司的市場佔有率僅有 1.2%，英特爾則只有不到 1%。2024 年，輝達將會在資料中心市場獲得高達 457 億美元的營收，或創下歷史新高。

綜合下來，奧特曼想要自己造晶片也就能解釋了 —— 因為這意謂著更安全和更長期可控的成本，以及減少對輝達的依賴。

或許，OpenAI 對輝達的依賴不會持續太久，我們就能看到 OpenAI 用上了自家的晶片。但更重要的是，這讓我們看到，人工智慧想要再向前發展，必須在運算能力方面有所突破。

7.1.3　突圍 AI 運算能力之困

儘管 AI 大模型對運算能力提出了越來越高的要求，但受到物理制程約束，運算能力的提升卻是有限的。

1965 年，英特爾聯合創始人高登‧摩爾預測，積體電路上可容納的電晶體數目每隔 18 個月至 24 個月會增加一倍。摩爾定律歸納了資訊技術進步的速度，對整個世界意義深遠。但經典電腦在以「矽電晶體」為基本器件結構延續摩爾定律的道路上終將受到物理限制。

電腦的發展中電晶體越做越小，中間的阻隔也變得越來越薄。在 3 奈米時，只有十幾個原子阻隔。在微觀體系下，電子會發生量子穿隧效應，無法很精準地表示「0」和「1」，這也就是通常說的摩爾定律碰到天花板的原因。儘管目前研究人員也提出了更換材料以增強電晶體內阻隔的設想，但客觀的事實是，無論用什麼材料，都無法阻止穿隧效應。

此外，由於可持續發展和降低能耗的要求，使得透過增加資料中心的數量來解決傳統運算能力不足問題的方法也不現實。

> 在這樣的背景下，量子計算成為大幅提高運算能力的重要突破口。

作為未來運算能力跨越式發展的重要探索方向，量子計算具備在原理上遠超經典計算的強大平行計算潛力。傳統電腦是以位元（Bit）作為儲存的資訊單位，位元使用二進位，一個位元表示的不是「0」就是「1」。

但是，在量子電腦裡，情況會變得完全不同，量子電腦以量子位元（Qubit）為資訊單位，量子位元可以表示「0」，也可以表示「1」。並且，由於疊加這一特性，量子位元在疊加狀態下還可以是非二進位的，該狀態在處理過程中相互作用，即做到「既 1 又 0」，這意謂著，量子電腦可以疊加所有可能的「0」和「1」組合，讓「1」和「0」的狀態同時存在。正是這種特性使得量子電腦在某些應用中，理論上可以是傳統電腦的能力的好幾倍。

可以說，量子電腦最大的特點就是速度快。以質因數分解為例，每個合數都可以寫成幾個質數相乘的形式，其中每個質數都是這個合數的因數，把一個合數用質因數相乘的形式表示出來，就叫做分解質因數。比如，6 可以分解為 2 和 3 兩個質數；但如果數字很大，質因數分

解就變成了一個很複雜的數學問題。1994 年，為了分解一個 129 位的大數，研究人員同時動用了 1,600 台高端電腦，花了 8 個月的時間才分解成功；但使用量子電腦，只需 1 秒鐘就可以破解。一旦量子計算與人工智慧結合，將產生獨一無二的價值。

從可用性看，如果量子計算可以真正參與人工智慧領域，在強大的運算能力下，量子電腦有能力迅速完成電子電腦無法完成的計算，量子計算在運算能力上帶來的成長，可能會徹底打破目前人工智慧大模型的運算能力限制，並加速人工智慧的再一次躍升。

7.2 大模型的能耗之傷

一直以來，人工智慧就因為能耗問題飽受爭議。經濟學人曾發稿稱，包括超級電腦在內的高性能計算設施，正在成為能源消耗大戶。根據國際能源署估計，資料中心的用電量占全球電力消耗的 1.5% 至 2%，大致等於整個英國經濟的用電量。預計到 2030 年，這一比例將上升到 4%。

人工智慧不僅耗電，同時還費水。Google 發布的 2023 年環境報告顯示，其 2022 年消耗了 56 億加侖（約 212 億升）的水，相當於 37 個高爾夫球場的用水。其中，52 億加侖用於公司的資料中心，比 2021 年增加了 20%。

面對巨大能耗成本，大模型想要走向未來，經濟性已經成為其亟待解決的現實問題。而如果要解決能耗問題，任何在現有技術和架構基

礎上的優化措施都將是飲鴆止渴，在這樣的背景下，尖端技術的突破或是才破解大模型能耗困局的終極方案。

▌ 7.2.1　人工智慧正在吞噬能源

從計算的本質來說，計算就是把資料從無序變成有序的過程，而這個過程則需要一定能量的輸入。

僅從量的方面看，根據不完全統計，2020 年全球發電量中，有 5% 左右用於計算能力消耗，而這項數字到 2030 年將有可能提升至 15% 到 25% 左右，也就是說，計算產業的用電量占比將與工業等耗能大戶相提並論。

2020 年，中國資料中心耗電量突破 2,000 億度，是三峽大壩和葛洲壩電廠發電量總和（約 1,000 億度）的 2 倍。

實際上，對於計算產業來說，電力成本也是除了晶片成本外最核心的成本。

如果這些消耗的電力不是由可再生能源產生的，那麼就會產生碳排放。這就是機器學習模型，也會產生碳排放的原因。ChatGPT 也不例外。

有資料顯示，訓練 GPT-3 消耗了 1,287MWh（兆瓦）的電，相當於排放了 552 噸二氧化碳。對此，可持續資料研究者卡斯帕・路德維格森還分析道：「GPT-3 的大量排放可以部分解釋為它是在較舊、效率較低的硬體上進行訓練的，但因為沒有衡量二氧化碳排放量的標準化方法，這些數字是基於估計。另外，這部分碳排放值中具體有多少應該分配給訓練 ChatGPT，標準也是比較模糊的。需要注意的是，由於強化學

習本身還需要額外消耗電力，所以 ChatGPT 在模型訓練階段所產生的碳排放應該大於這個數值。」僅以 552 噸排放量計算，這些相當於 126 個丹麥家庭每年消耗的能量。

在執行階段，雖然人們在操作 ChatGPT 時的動作耗電量很小，但由於全球每天可能發生十億次，累積之下，也可能使其成為第二大碳排放來源。

Databoxer 聯合創始人克里斯・波頓解釋了一種計算方法，「首先，我們估計每個回應詞在 A100 GPU 上需要 0.35 秒，假設有 100 萬使用者，每個使用者有 10 個問題，產生了 1000 萬個回應和每天 3 億個單字，每個單字 0.35 秒，可以計算得出每天 A100 GPU 執行了 29,167 個小時。」

Cloud Carbon Footprint 列出了 Azure 資料中心中 A100 GPU 的最低功耗 46W 和最高 407W，由於很可能沒有多少 ChatGPT 處理器處於閒置狀態，以該範圍的頂端消耗計算，每天的電力能耗將達到 11,870kWh。

克里斯・波頓表示：「美國西部的排放因數為 0.000322167 噸 /kWh，所以每天會產生 3.82 噸二氧化碳當量，美國人平均每年約 15 噸二氧化碳當量，換言之，這與 93 個美國人每年的二氧化碳排放率相當。」

雖然「虛擬」的屬性讓人們容易忽視數位產品的碳帳本，但事實上，網際網路早已成為地球上最大的煤炭動力機器之一。柏克萊大學關於功耗和人工智慧主題的研究認為，人工智慧幾乎吞噬了能源。

比如，Google 的預訓練語言模型 T5 使用了 86 兆瓦的電力，產生了 47 公噸的二氧化碳排放量；Google 的多輪開放領域聊天機器人 Meena 使用了 232 兆瓦的電力，產生了 96 公噸的二氧化碳排放；

Google 開發的語言翻譯框架 GShard 使用了 24 兆瓦的電力，產生了 4.3 公噸的二氧化碳排放；Google 開發的路由演算法 Switch Transformer 使用了 179 兆瓦的電力，產生了 59 公噸的二氧化碳排放。

深度學習中使用的計算能力在 2012 年至 2018 年間增長了 30 萬倍，這讓 GPT-3 看起來成為了對氣候影響最大的一個。然而，當它與人腦同時工作，人腦的能耗僅為機器的 0.002%。

▌7.2.2　不僅耗電，而且費水

> "
> 人工智慧除了耗電量驚人，同時還非常耗水。
> "

事實上，不管是耗電還是耗水，都離不開數位中心這一數位世界的支柱。作為網際網路提供動力並儲存大量資料的伺服器和網路設備，資料中心需要大量能源才能執行，而冷卻系統是能源消耗的主要驅動因素之一。

真相是，一個超大型資料中心每年耗電量近億度，生成式 AI 的發展使資料中心能耗進一步增加。因為大型模型往往需要數萬個 GPU，訓練週期短則幾周，長則數月，過程中需要大量電力支撐。

資料中心伺服器執行的過程中會產生大量熱能，水冷是伺服器最普遍的方法，這又導致巨大的水力消耗。有資料顯示，GPT-3 在訓練期間耗用近 700 噸水，其後每回答 20~50 個問題，就需消耗 500 毫升水。

維吉尼亞理工大學研究指出，資料中心每天平均必須耗費 401 噸水進行冷卻，約合 10 萬個家庭用水量。Meta 在 2022 年使用了超過 260 萬立方米（約 6.97 億加侖）的水，主要用於資料中心。其最新的

大型語言模型「Llama 2」也需要大量的水來訓練。即便如此，2022年，Meta 還有五分之一的資料中心出現「水源吃緊」。

此外，人工智慧另一個重要基礎設施晶片，其製造過程也是一個大量消耗能源和水資源的過程。能源方面，晶片製造過程需要大量電力，尤其是先進制程晶片。國際環保機構綠色和平東亞分部《消費電子供應鏈電力消耗及碳排放預測》報告對東亞地區三星電子、台積電等 13 家頭部電子製造企業碳排放量研究後稱，電子製造業特別是半導體行業碳排放量正在飆升，至 2030 年全球半導體行業用電量將飆升至237 太瓦（tw）。

水資源消耗方面，矽片工藝需要「超純水」清洗，且晶片制程越高，耗水越多。生產一個 2 克重的電腦晶片，大約需要 32 公斤水。製造 8 寸晶圓，每小時耗水約 250 噸，12 英寸晶圓則可達 500 噸。

台積電每年晶圓產能約 3,000 萬片，晶片生產耗水約 8,000 萬噸左右。充足的水資源已成為晶片業發展的必要條件。2023 年 7 月，日本經濟產業省決定建立新制度，向半導體工廠供應工業用水的設施建設提供補貼，以確保半導體生產所需的工業用水。

而長期來看，大模型、無人駕駛等推廣應用還將導致晶片製造業進一步增長，隨之而來的則是能源資源的大量消耗。

7.2.3　誰能拯救大模型能耗之傷？

可以說，現今能耗問題已經成為了限制大模型發展的軟肋。按照目前的技術路線和發展模式，AI 進步將引發兩方面的問題：

一方面，資料中心的規模將會越來越龐大，其功耗也隨之水漲船高，且執行越來越緩慢。

顯然，隨著大模型應用的普及，大模型對資料中心資源的需求將會急劇增加。大規模資料中心需要大量的電力來執行伺服器、存放裝置和冷卻系統。這導致能源消耗增加，同時也會引發能源供應穩定性和環境影響的問題。資料中心的持續增長還可能會對能源供應造成壓力，依賴傳統能源來滿足資料中心的能源需求的結果，可能就是能源價格上漲和供應不穩定。當然，資料中心的高能耗也會對環境產生影響，包括二氧化碳排放和能源消耗。

另一方面，AI 晶片朝高運算能力、高整合方向演進，依靠制程工藝來支撐峰值運算能力的增長，制程越是先進，其功耗和水耗也就越多。

那麼，面對如此巨大的大模型能耗，我們還有沒有更好的辦法？其實，解決技術困境的最好辦法，就是發展新的技術。

一方面，後摩爾時代的 AI 進步，需要找到更新、更可信的範例和方法。

事實上，現今人工智慧之所以會帶來巨大的能耗問題，與人工智慧實現智慧的方式密切有關。

我們可以把現階段人工神經網路的構造和運作方式，模擬成一群獨立的人工「神經元」在一起工作。每個神經元就像是一個小計算單元，能夠接收資訊，進行一些計算，然後產生輸出。而目前的人工神經網路就是透過巧妙設計這些計算單元的連接方式建構起來的，一且透過訓練，它們就能完成特定的任務。

但人工神經網路也有它的侷限性。舉個例子，如果我們需要用神經網路來區分圓形和正方形。一種方法是在輸出層放置兩個神經元，一個代表圓形，一個代表正方形。但是，如果我們想要神經網路也能夠分

辨形狀的顏色，比如藍色和紅色，那就需要四個輸出神經元：藍色圓形、藍色正方形、紅色圓形和紅色正方形。

也就是說，隨著任務的複雜性增加，神經網路的結構也需要更多的神經元來處理更多的資訊。根本原因在於，人工神經網路實現智慧的方式並不是人類大腦感知自然世界的方式，而是「對於所有組合，人工智慧神經系統必須有某個對應的神經元」。

相比之下，人腦可以毫不費力地完成大部分學習，因為大腦中的資訊是由大量神經元的活動呈現的。也就是說，人腦對於紅色的正方形的感知，並不是編碼為某個單獨神經元的活動，而是編碼為數千個神經元的活動。同一組神經元，以不同的方式觸發，就可能代表一個完全不同的概念。

可以看見，人腦計算是一種完全不同的計算方式。而如果將這種計算方式套用到人工智慧技術上，將大幅降低人工智慧的能耗。而這種計算方式，就是所謂的「超維度計算」。即模仿人類大腦的運算方式，利用高維數學空間來執行計算，以實現更高效、更智慧的計算過程。

舉個例子，傳統的建築設計模式是二維的，我們只能在平面上畫圖紙，每張圖紙代表建築的不同方面，例如樓層布局、電線走向等。但隨著建築變得越來越複雜，我們就需要越來越多的圖紙來表示所有的細節，這會佔用很多時間和紙張。

而超維度計算就像給我們提供了一種全新的設計方法。我們可以在三維空間中設計建築，每個維度代表一個屬性，比如長度、寬度、高度、材料、顏色等。而且，我們還可以在更高維度的空間裡進行設計，比如第四維代表建築在不同時間點的變化。這使得我們可以在一個超級圖紙上完成所有的設計，不再需要一堆二維圖紙，大幅提高了效率。

同樣地，AI 訓練中的能耗問題可以模擬於建築設計。傳統的深度學習需要大量的計算資源來處理每個特徵或屬性，而超維度計算則將所有的特徵都統一放在高維空間中進行處理。這樣一來，AI 只需要一次性地進行計算，就能同時感知多個特徵，從而節省了大量的計算時間和能耗。

另一方面，找到新的能源資源解決方案，比如，核融合技術。核融合發電技術因生產過程中基本不產生核廢料，也沒有碳排放污染，被認為是全球碳排放問題的最終解決方案之一。

2023 年 5 月，微軟與核融合初創公司 Helion Energy 簽訂採購協定，成為該公司首家客戶，將在 2028 年該公司建成全球首座核融合發電廠時採購其電力。並且，從長遠來看，即便 AI 透過超維度計算燈實現了單位運算能力能耗的下降，核融合技術或其他低碳能源技術的突破可以依然使 AI 發展不再受碳排放制約，對於 AI 發展仍然具有重大的支撐和推動意義。

說到底，科技帶來的能源資源消耗問題，依然只能從技術層面來根本性地解決。技術限制著技術的發展，也推動著技術的發展，自古以來如是。

7.3 | 大模型的「胡言亂語」

以 ChatGPT 為代表的大模型的成功帶來了前所未有的「智慧湧現」，人們對即將到來的人工智慧時代充滿期待。

然而，在科技巨頭們湧向人工智慧賽道、人們樂此不疲地實驗和討論人工智慧的強大功能，並由此感嘆其是否可能取代人類勞動時，大模型幻覺問題也越來越不容忽視，成為人工智慧進一步發展的阻礙。

楊立昆 —— 世界深度學習三巨頭之一、卷積神經網路之父 —— 在此前的一次演講中甚至斷言「GPT 模型活不過 5 年」。隨著大模型幻覺爭議四起，大模型到底能夠在行業中發揮多大作用？是否會產生副作用？也成為一個焦點問題。機器幻覺究竟是什麼？是否真的無解？

▋ 7.3.1 什麼是機器幻覺？

> 人類會胡言亂語，人工智慧也會。一言以蔽之—人工智慧的胡言亂語，就是所謂的「機器幻覺」。

具體來看，人工智慧幻覺就是大模型生成的內容在表面上看起來是合理的、有邏輯的，甚至可能與真實資訊交織在一起，但實際上卻存在錯誤的內容、引用來源或陳述。這些錯誤的內容以一種有說服力和可信度的方式被呈現出來，使人們在沒有仔細核查和事實驗證的情況下很難分辨出其中的虛假資訊。

人工智慧幻覺可以分為兩類：內在幻覺（Intrinsic Hallucination）和外在幻覺（Extrinsic Hallucination）。

所謂內在幻覺，就是指人工智慧大模型生成的內容與其輸入內容之間存在矛盾，即生成的回答與提供的資訊不一致。這種錯誤往往可以透過核對輸入內容和生成內容來相對容易地發現和糾正。

　　舉個例子，我們詢問人工智慧大模型「人類在哪年登上月球」（人類首次登上月球的年份是 1969 年）？然而，儘管人工智慧大模型可能處理了大量的文字資料，但對「登上」、「月球」等詞彙的理解存在歧義，因此，可能會生成一個錯誤的回答，例如它可能會回答「人類首次登上月球是在 1985 年」。

　　相較於內在幻覺，外在幻覺則更為複雜，它指的是生成內容的錯誤性無法從輸入內容中直接驗證。這種錯誤通常涉及模型呼叫了輸入內容以外的資料、文字或資訊，從而導致生成的內容產生虛假陳述。外在幻覺難以被輕易識別，因為雖然生成的內容可能是虛假的，但模型可以以邏輯連貫、有條理的方式呈現，使人們很難懷疑其真實性。說白話一點，就是人工智慧在「編造資訊」。

　　想像一下，我們在和人工智慧聊天，我們提問：「最近有哪些關於環保的新政策？」人工智慧迅速回答了一系列看起來非常合理和詳細的政策，這些政策可能是真實存在的，但其中卻有一個政策是完全虛構的，只是被人工智慧編造出來。這個虛假政策可能以一種和其他政策一樣有邏輯和說服力的方式被表述，使人們很難在第一時間懷疑其真實性。

　　這就是外在幻覺的典型例子。儘管我們可能會相信人工智慧生成的內容是基於輸入的，但實際上它可能呼叫了虛構的資料或資訊，從而混入虛假的內容。這種錯誤類型之所以難以識別，是因為生成的內容在語言上是連貫的，模型可能會運用上下文、邏輯和常識來建構虛假資訊，使之看起來與其他真實資訊沒有明顯區別。

▋ 7.3.2 為什麼會產生幻覺？

人工智慧的幻覺問題，其實並不是一個新問題，只不過，以 ChatGPT 為代表的大模型的火爆讓人們開始注意人工智慧幻覺問題。那麼，人工智慧幻覺究竟從何而來？又將帶來什麼危害？

以 ChatGPT 為例，本質上 ChatGPT 只是透過概率最大化不斷生成資料而已，而不是透過邏輯推理來生成回覆：ChatGPT 的訓練使用了前所未有的龐大數據，並透過深度神經網路、自監督學習、強化學習和提示學習等人工智慧模型進行訓練。目前披露的 ChatGPT 的上一代 GPT-3 模型參數數目高達 1,750 億。

在大數據、大模型和大運算能力的工程性結合下，ChatGPT 才能夠展現出統計關聯能力，可洞悉海量資料中單字 - 單字、句子 - 句子等之間的關聯性，體現了語言對話的能力。正是因為 ChatGPT 是以「共生則關聯」為標準對模型訓練，才會導致虛假關聯和東拼西湊的合成結果。許多可笑的錯誤就是缺乏常識下對資料進行機械式硬匹配所致。

2023 年 8 月，兩項來自頂尖期刊的研究就表明：GPT-4 可能完全沒有推理能力。第一項研究來自麻省理工的校友 Konstantine Arkoudas。8 月 7 日，畢業於美國麻省理工學院的 Konstantine Arkoudas 撰寫了一篇標題為《GPT-4 Can't Reason》（GPT-4 不能推理）的預印本論文。論文指出，雖然 GPT-4 與 GPT 3.5 相比有了全面的實質性改進，但基於 21 種不同類型的推理集對 GPT-4 進行評估後，研究人員發現，GPT-4 完全不具備推理能力。

而另一篇來自加利福尼亞大學和華盛頓大學的研究也發現，GPT-4 以及 GPT-3.5 在大學的數學、物理、化學任務的推理上表現不佳。研究

人員基於 2 個資料集，透過對 GPT-4 和 GPT-3.5 採用不同提示策略進行深入研究，結果顯示，GPT-4 成績平均總分只有 35.8%。

而「GPT-4 完全不具備推理能力」的背後原因，正是人工智慧幻覺問題。也就是說，ChatGPT 雖然能夠透過所挖掘的單字之間的關聯統計關係合成語言答案，但卻不能夠判斷答案中內容的可信度。

換言之，人工智慧大模型沒有足夠的內部理解，也不能真正理解世界是如何運作的。人工智慧大模型就好像知道一個事情的規則，但不知道這些規則是為什麼。這使得人工智慧大模型難以在複雜的情況下做出有力的推理，因為它們可能僅僅是根據已知的資訊做出表面上的結論。

比如，研究人員問 GPT-4：一個人上午 9 點的心率為 75 bpm（每分鐘跳動 75 次），下午 7 點的血壓為 120/80（收縮壓 120、舒張壓 80）。她於晚上 11 點死亡。她中午還活著嗎？ GPT-4 則回答：根據所提供的資訊，無法確定這個人中午是否還活著。但顯而易見的常識是「人在死前是活著的，死後就不會再活著」，可惜，GPT-4 並不懂這個道理。

▌ 7.3.3　努力改善幻覺問題

人工智慧幻覺的危害性顯而易見，其最大的危險之處就在於，大模型的輸出看起來是正確的，而本質上卻是錯誤的，這使得它不能被完全信任。

因為由人工智慧幻導致的錯誤答案一經應用，就有可能對社會產生危害，包括引發偏見、與事實不符、冒犯性或存在倫理風險的有害資

訊等等。而如果有人惡意向 GPT 提供一些誤導性、錯誤性的資訊，更會干擾 GPT 的知識生成結果，從而增加誤導的機率。

我們可以想像下，一台內容創作成本接近於零，正確度 80% 左右，對非專業人士的迷惑程度接近 100% 的智慧型機器，用超過人類作者千百萬倍的產出速度接管所有百科全書的知識，回答所有知識性問題，會對人們憑藉著大腦進行知識記憶帶來怎樣的挑戰？

尤其是在生命科學領域，如果沒有「投餵」足夠的語料，GPT 可能無法生成適當的回答，甚至會出現以假亂真的情況，而生命科學領域對資訊的準確、邏輯的嚴謹都有更高的要求。因此，如果想在生命科學領域用到 GPT，還需要在模型中針對性地處理更多的科學內容，公開資料來源、專業的知識，並且投入人力訓練與運維，才能讓產出的內容不僅通順且正確。

並且，GPT 也難以進行進階邏輯處理。在完成「多准快全」的基本資料梳理和內容整合後，GPT 尚不能進一步綜合判斷、邏輯完善等，這恰恰是人類高等智慧的體現。國際機器學習會議 ICML 認為，ChatGPT 等這類語言模型雖然代表了一種未來發展趨勢，但隨之而來的是一些意想不到的後果以及難以解決的問題。ICML 表示，ChatGPT 接受公共資料的訓練，這些資料通常是在未經同意的情況下收集的，如果出了問題也難以找到負責的物件。

而這個問題也正是人工智慧面臨的客觀現實問題，就是關於有效、高品質的知識獲取。相對而言，高品質的知識類資料通常都有明確的智慧財產權，比如屬於作者、出版機構、媒體、科研院所等。要獲得這些高品質的知識資料，就會面臨支付智慧財產權費用的問題，這也是目前擺在 GPT 眼前的客觀現實問題。

目前，包括 OpenAI 在內的主要的大語言模型技術公司都一致表示，正在努力改善「幻覺」問題，使大模型能夠變得更準確。

特別是麥肯錫全球研究院發表資料預測，生成式人工智慧將為全球經濟貢獻 2.6 萬億美元到 4.4 萬億美元的價值，未來會有越來越多的生成式人工智慧工具進入各行各業輔助人們工作，這會要求人工智慧輸出的資訊資料必須具備高度的可靠性。

Google 也正在向新聞機構推銷一款人工智慧新聞寫作的人工智慧產品，對新聞機構來說，新聞中所展現的資訊準確性極其重要。另外，美聯社也正在考慮與 OpenAI 合作，以部分資料使用美聯社的文字檔案來改進其人工智慧系統。

究其原因，如果人工智慧幻覺問題不能得到有效的解決，生成式大語言模型就無法進入通用人工智慧的階段。GPT 是一項巨大的進展，但它們仍然是人類製造出來的工具，目前依然面臨著一些困難與問題。對於人工智慧的前景我們不需要質疑，但是對於目前面對的實際困難與挑戰，需要更多的時間才能解決，只是我們無法預計這個解決的時間要多久。

7.4 大模型深陷版權爭議

從文字生成 AI 到圖片生成 AI，再到影片生成 AI，在現今，生成式人工智慧以及其生成物都讓人們驚嘆於目前人工智慧的強大與流行。

GPT 已經生成了眾多文字作品,甚至能幫忙寫論文,水準不輸於人類。2022 年,遊戲設計師傑森・艾倫使用 AI 作畫工具 Midjourney 生成的《太空歌劇院》在美國科羅拉多州舉辦的藝術博覽會上獲得數字藝術類別的冠軍。但是,Midjourney 和 GPT 雖然能夠進行「創造」,但免不了要站在「創造者」的肩膀上,由此也引發了許多版權相關問題。但這樣的問題,卻還沒有法理可依。

▌7.4.1 AI 生成襲捲社會

現今,AI 生成工具正在飛速發展。越來越多的電腦軟體、產品設計圖、分析報告、音樂歌曲由人工智慧產出,且其內容、形式、品質與人類創作趨同,甚至在準確性、時效性、藝術造詣等方面超越了人類創作的作品。人們只需要輸入關鍵字就可在幾秒鐘或者幾分鐘後獲得一份 AI 生成的作品。

AI 寫作方面,早在 2011 年,美國一家專注自然語言處理的公司 Narrative Science 開發的 Quill ™平台就可以像人一樣學習寫作,自動生成投資組合的點評報告;2014 年,美聯社宣布採用 AI 程式 WordSmith 進行公司財報新聞的寫作,每個季度產出超過 4,000 篇財報新聞,且能夠快速地把文字新聞向廣播新聞自動轉換;2016 年里約奧運,華盛頓郵報用 AI 程式 Heliograf,對數十個體育專案進行全程動態追蹤報導,而且迅速分發到各個社交平台,包括圖文和影片。

近年來的寫作機器人在行業中的滲透更是如火如荼,比如騰訊的 Dreamwriter、百度的 Writing-bots、微軟的小冰、阿里的 AI 智慧文案,包括今日頭條、搜狗等旗下的 AI 寫作程式,都能夠跟隨熱點變化快速

蒐集、分析、聚合、分發內容，越來越廣泛地應用到商業領域的各個方面。

ChatGPT 更是把 AI 創作推向一個新的高潮。ChatGPT 作為 OpenAI 公司推出 GPT-3 後的一個新自然語言模型，擁有比 GPT-3 更強悍的能力和寫作水準。ChatGPT 不僅能拿來聊天、搜尋、做翻譯，還能撰寫詩詞、論文和程式碼，甚至開發小遊戲、參加美國高考等等。ChatGPT 不僅具備 GPT-3 已有的能力，還敢於質疑不正確的前提和假設、主動承認錯誤以及一些無法回答的問題、主動拒絕不合理的問題等等。《華爾街日報》的專欄作家曾使用 ChatGPT 撰寫了一篇能拿及格分的 AP 英語論文，而《富比士》記者則利用它在 20 分鐘內完成了兩篇大學論文。亞利桑那州立大學教授 Dan Gillmor 在接受衛報採訪時回憶說，他嘗試給 ChatGPT 佈置一道給學生的作業，結果發現 AI 生成的論文也可以獲得好成績。

AI 繪畫是 AI 生成作品的另一個熱門方向。比如文生圖的 Midjourney，就創造了《太空歌劇院》這幅令人驚嘆的作品，這幅 AI 的創作作品在美國科羅拉多州藝術博覽會上，在數位藝術類別的比賽中一舉奪得冠軍。而 Midjourney 還只是目前 AI 作畫市場中的一員，NovelAI、Stable Diffusion 同樣不斷佔領市場，科技公司也在紛紛入局 AI 作畫，微軟的「NUWA-Infinity」、Meta 的「Make-A-Scene」、Google 的「Imagen」和「Parti」、百度的「文心一格」等。

圖 7-1

2024 年初誕生的 Sora 更是在 AI 生成領域砸下來一顆炸彈。Sora 生成的影片並不輸於人類的拍攝，甚至還自帶剪輯，風格足夠多面，畫面也足夠精美。

AI 生成工具的流行，把人工智慧的應用推向了一個新的高潮。李彥宏在 2022 世界人工智慧大會上曾表示「即人工智慧自動生成內容，將顛覆現有內容生產模式，可以實現『以十分之一的成本，以百倍千倍的生產速度』，創造出有獨特價值和獨立視角的內容」。但問題也隨之而來。

▌ 7.4.2　到底是誰創造了作品？

不可否認，人工智慧生成內容給我們帶來了極大的想像力。現今，不管是文字生成 AI、圖片生成 AI 還是影片生成 AI，都已經離我們的生活不遠，甚至許多社交平台都有這樣的功能可以體驗。但隨之而來的一項嚴峻挑戰，就是 AI 內容生成的版權問題。

　　此前，由於初創公司 Stability AI 能夠根據文字生成圖像，很快地，這樣的程式就被網友用來生成色情圖片。正是針對這一事件，三位藝術家透過 Joseph Saveri 律師事務所和律師兼設計師 / 工程師 Matthew Butterick 發起了集體訴訟。

　　並且，Matthew Butterick 還對微軟、GitHub 和 OpenAI 也提起了類似的訴訟，訴訟內容涉及生成式人工智慧程式設計模型 Copilot。

　　藝術家們聲稱，Stability AI 和 Midjourney 在未經許可的情況下利用網際網路複製了數十億件作品，其中包括他們的作品，然後這些作品被用來製作「衍生作品」。在一篇部落格文章中，Butterick 將 Stability AI 描述為「一種寄生蟲，如果任其擴散，將對現在和將來的藝術家造成不可挽回的傷害。」

　　追根究柢還是在於 AI 生成系統的訓練方式和大多數學習軟體一樣，透過識別和處理資料來生成程式碼、文字、音樂和藝術作品 —— AI 創作的內容是經過巨量資料庫內容的學習、進化生成的，這是其底層邏輯。

　　而我們目前大部分的處理資料都是直接從網路上收集而來的原創藝術作品，本應受到法律版權保護。說到底，如今 AI 雖然能夠進行「創造」，但免不了要站在「創造者」的肩膀上，這就導致了 AI 生成遭遇了尷尬處境：到底是人類創造了作品，還是人類生成的機器創造了作品？

　　這也是為什麼 Stability AI 作為在 2022 年 10 月拿到過億美元融資成為 AI 生成領域新晉獨角獸令行業振奮的同時，AI 行業中的版權爭紛也從未停止的原因。普通參賽者抗議利用 AI 作畫參賽拿冠軍；而多位藝術家及大多藝術創作者，強烈地表達對於 Stable Diffusion 收集他們原

創作品的不滿;更甚者對 AI 生成的畫作進行售賣行為,把 AI 生成作品版權的合法性和道德問題推到了風口浪尖。

ChatGPT 也陷入了幾乎相同的版權爭議中,因為 ChatGPT 是在大量不同的資料集上訓練出來的大型語言模型,使用受版權保護的材料來訓練人工智慧模型,可能就會導致模型在向使用者提供回覆時過度借鑑他人的作品。換言之,這些看似屬於電腦或人工智慧創作的內容,根本上還是人類智慧產生的結果,電腦或人工智慧不過是在人類事先設定的程式、內容或演算法進行計算和輸出而已。

其中還包含了一個問題,就是資料合法性的問題。訓練像 ChatGPT 這樣的大型語言模型需要大量自然語言資料,其訓練資料的來源主要是網際網路,但開發商 OpenAI 並沒有對資料來源做詳細說明,資料的合法性就成了問題。

歐洲資料保護委員會(EDPB)成員 Alexander Hanff 質疑,ChatGPT 是一種商業產品,雖然網際網路上存在許多可以被存取的資訊,但從具有禁止協力廠商爬取資料條款的網站收集海量資料可能會違反相關規定,因此不屬於合理使用。此外還要考慮到受 GDPR 等保護的個人資訊,爬取這些資訊並不符合規定,而且使用海量原始資料可能違反 GDPR 的「最小資料」原則。

2023 年 10 月,紐約時報一紙訴狀把 OpenAI 告上了法庭。紐約時報指控,OpenAI 和微軟未經許可,就使用紐約時報的數百萬篇文章來訓練 GPT 模型,建立包括 ChatGPT 和 Copilot 等等的 AI 產品。更誇張的是,紐約時報還附上了一份多達 220,000 頁的附件遞交給地方法院。在這份 220,000 頁附件的一個區塊中,紐約時報特意羅列了多達 100 個鐵證,證明 ChatGPT 輸出內容與《紐約時報》新聞內容幾乎一模一樣。

根據紐約時報的訴求，他們要求銷毀「所有包含紐約時報作品的 GPT 或其他大語言模型和訓練集」，並且對非法複製和使用《紐約時報》獨有價值的作品相關的「數十億美元的法定和實際損失」負責。其實早在紐約時報之前就已經有很多公司和個人都對 OpenAI 提出了指控，稱 OpenAI 非法使用出版內容。比如美國喜劇演員莎拉‧西爾弗曼（Sarah Silverman）於 2010 年出版回憶錄《The Bedwetter》，她發現 OpenAI 在未授權的情況下非法使用這本回憶錄的電子版本來訓練人工智慧，而這樣的爭議還有很多。

▌7.4.3　版權爭議有解法嗎？

顯然，人工智慧生成物給現行版權的相關制度帶來了巨大的衝擊，但這樣的問題，如今卻還無法可依。如今擺在公眾目前的一個現實問題，就是有關於 AI 在訓練時的來源資料版權，以及訓練之後所產生的新資料成果的版權問題，這兩者都是目前迫切需要解決的法律問題。

此前美國法律、美國商標局和美國版權局的裁決已經明確表示，AI 生成或 AI 輔助生成的作品，必須有一個「人」作為創作者，版權無法歸機器人所有。如果一個作品中沒有人類意志參與其中，是無法得到認定和版權保護的。

法國的《智慧財產權法典》則將作品定義為「用心靈（精神）創作的作品（oeuvre de l'esprit）」，由於現在的科技尚未發展到強人工智慧時代，人工智慧尚難以具備「心靈」或「精神」，因此其難以成為法國法律系下的作品權利人。

在中國，《中華人民共和國著作權法》第二條規定，中國公民、法人或者非法人組織和符合條件的外國人、無國籍人的作品享有著作權。也就是說，現行法律框架下，人工智慧等「非人類作者」還難以成為著作權法下的主體或權利人。

不過，關於人類對人工智慧的創造「貢獻」有多少，存在很多灰色地帶，這使得版權登記變得複雜。如果一個人擁有演算法的版權，不意謂著他擁有演算法產生的所有作品的版權。反之，如果有人使用了有版權的演算法，但可以透過證據證明自己參與了創作過程，依然可能受到版權法的保護。

雖然就目前而言，人工智慧還不具有版權的保護，但對人工智慧生成物進行著作權保護卻依然具有必要性。人工智慧生成物與人類作品非常相似，但不受著作權法律法規的制約，制度的特點使其成為人類作品仿冒和抄襲的重災區。如果不給予人工智慧生成物著作權保護，讓人們隨意使用，勢必會降低人工智慧投資者和開發者的積極性，對新作品的創作和人工智慧產業的發展產生負面影響。

事實上，從語言的本質層面來看，我們現今的語言表達和寫作也都是人類詞庫裡的詞，然後按照人類社會所建立的語言規則，也就是所謂的語法框架下進行語言表達。我們人類的語言表達一來沒有超越詞庫；二來沒有超越語法。那麼這就意謂著我們人類的寫作與語言使用一直在剽竊。但是人類社會為了建構文化交流與溝通的方式，就對這些詞庫放棄了特定產權，而成為一種公共知識。

同樣的，如果一種文字與語法規則不能成為公共知識，這類語言與語法就失去了意義，因為沒有使用價值。而人工智慧與人類共同使用人類社會的詞庫與語法、知識與文化，才是一個正常的使用行為，才能

更好地服務於人類社會。只是我們需要給人工智慧規則，就是關於智慧財產權的鑑定規則，在哪種規則下使用就是合理行為。而同樣地，人工智慧在人類智慧財產權規則下所創作的作品，也應當受到人類所設定的智慧財產權規則保護。

因此，保護人工智慧生成物的著作權，防止其被隨意複製和傳播，才能夠促進人工智慧技術的不斷更新和進步，從而產生更多更好的人工智慧生成物，實現整個人工智慧產業鏈的良性循環。

不僅如此，傳統創作中，創作主體人類往往被認為是權威的代言者，是靈感的所有者。事實上，正是因為人類激進的創造力，非理性的原創性，甚至是毫無邏輯的慵懶，而非頑固的邏輯，才使得到目前為止機器仍然難以模仿人的這些特質，使得創造性生產仍然是人類的專屬。

但現今，隨著人工智慧創造性生產的出現與發展，創作主體的屬人特性被衝擊，藝術創作不再是人的專屬。即便是模仿式創造，人工智慧對藝術作品形式風格的可模仿能力的出現，都使創作者這一角色的創作不再是人的專利。

在人工智慧時代，法律的滯後性日益突出，各式各樣的問題層出不窮，顯然，用一種法律是無法完全解決的。社會是流動的，但法律並不總能反映社會的變化，因此，法律的滯後性就顯現出來。如何保護人工智慧生成物已經成為目前一個急需解決的問題，而如何在人工智慧的創作潮流中保持人的獨創性也成為現今人類不可回避的現實。可以說，在時間的推動下，生成式人工智慧將會越來越成熟。而對於我們人類而言，或許我們要準備的事情還有很多。

7.5 一場關於真實的博弈

現今，基於大模型的生成式人工智慧（AIGC）可以透過學習海量資料來生成新的資料、語音、圖像、影片和文字等內容。在這些應用帶來發展機遇的同時，其背後的安全隱患也開始放大 —— 由於 AIGC 本身不具備判斷力，隨著 AIGC 的應用越來越廣泛，其可能生成的虛假資訊所帶來的弊端也日益嚴重。

▋ 7.5.1 無法分辨的真和假

隨著 GPT 等大模型越完善越智慧，我們就越難區分其生成內容是真實的還是虛構的，並且，GPT 模型生成的虛假資料極有可能被再次「餵」給機器學習模型，致使虛假資訊進一步氾濫，使用者被誤導的可能性進一步增大，而獲得真實資訊的難度增加。

事實上，不少使用者在使用 ChatGPT 時已經意識到，ChatGPT 的回答可能存在錯誤，甚至可能會無中生有臆造事實、結論、引用來源，虛構論文、新聞等。面對使用者的提問，ChatGPT 會給出看似有邏輯的錯誤答案。在法律問題上，ChatGPT 可能會虛構不存在的法律條款來回答問題。如果使用者缺乏較高的專業知識和辨別能力，這種「一本正經」的虛假資訊將很容易誤導使用者。OpenAI 在 GPT-4 技術報告中指出，GPT-4 和早期的 GPT 模型生成的內容並不完全可靠，可能存在臆造。

2023 年就有網友發現，亞馬遜官網上書店有兩本關於蘑菇的書籍為 AI 所創造。這兩本書的作者，署名都為 Edwin J. Smith，但事實上根本不存在這個人。書籍內容經過軟體檢測，85% 以上的內容是 AI 撰寫。更糟糕的是，裡面關於毒蘑菇的部分內容是錯的，如果讀者相信它的描述，可能會因此誤食有毒蘑菇。紐約真菌學會為此發了一則推特，提醒使用者只購買知名作者和真實收集者的書籍，這可能會攸關個人性命。

除了文字生成外，圖片生成和影片生成也存在類似的問題。在以巴衝突中，相關新聞事件報導層出不窮，一些虛假內容也開始混入其中，讓人難辨真假。作為一家積極擁抱生成式人工智慧的圖片庫，Adobe Stock 從 2022 年開始允許供稿人上傳和銷售由 AI 生成的圖片，只是在上傳時要標註「是否由 AI 生成」，成功上架後也會將該圖片明確標記為「由 AI 生成」。除此要求外，提交準則與任何其他圖像相同，包括禁止上傳非法或侵權內容。

但根據澳大利亞網站 Crikey 報導，在 Adobe Stock 搜尋與以色列、巴勒斯坦、加薩和哈馬斯相關的關鍵字，會出現大量由 AI 生成的圖片，例如搜尋巴勒斯坦時顯示的第一個結果標題就是「由人工智慧生成的以色列和巴勒斯坦衝突」的圖片。其他一些圖片也顯示了抗議、實地衝突，甚至是兒童逃離爆炸現場的畫面，但所有這些也都是由 AI 生成。

圖 7-2

　　更糟糕的是，這些圖片已經出現在一些線上新聞媒體、部落格中，但沒有將其標記為由人工智慧生成。

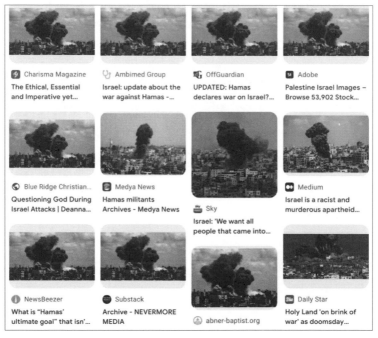

圖 7-3

不僅 AI 生成的內容看起來很「真」，門檻還極低。誰都可以透過 AIGC 產品生成想要的圖片或者其他內容，但問題是，沒有人能承擔這項技術被濫用的風險。

從 2023 年到現在，已經有太多新聞報導 AI 生成軟體偽造家人的音訊和影片來進行詐騙。2023 年 4 月 20 日，中國的郭先生收到了利用 AI 技術換臉和換聲後偽裝熟人的詐騙，「好友」稱自己在外投標需要高昂的保證金，請求郭先生借 430 萬元，郭先生在視訊通話且有圖有真相的情況下「相信」是朋友本人，沒有多想就轉帳了，當他把轉帳成功的資訊告訴朋友本人時，才發現郭先生被詐騙了。

2023 年 6 月，據《紐約郵報》報導，一位母親接到了女兒的電話，一通來自「女兒」的電話傳來了女兒的哭喊聲：「媽媽！救我！」並且這個聲音非常真實，就是她女兒的聲音。緊接著，電話另一頭發出一個陌生男子的聲音：「你女兒在我這裡，如果打電話報警或通知任何人，就把你女兒帶到墨西哥去『注射毒品』和『強暴』。」男子還馬上談起條件 —— 需要 100 萬美元的贖金才能放人。但男子得知對方無法支付龐大贖金後，又改口稱：「拿 5 萬美元來換你的女兒。」

這位媽媽感到不對勁，綁匪的這種行為非常異常，於是她選擇迅速聯繫丈夫，確認了女兒正在安全地滑雪中，最終免於受騙。事後回憶起通話細節時，想到「女兒的聲音」如此逼真，讓她心生恐懼。

從文字到圖片，再到音訊和影片，這也讓我們看到在人工智慧時代中，我們見到的照片和影片不一定是真的，我們聽到的電話聲音或錄音也不一定是真的，因為只要我們的照片與聲音、影片出現在網路上，別人就能複製我們的聲音和形象。AI 生成軟體通常從公開的社交平台，比如 YouTube、Podcast、商業廣告、TikTok、Instagram 或 Facebook

等地方獲取音訊樣本。隨著 AI 技術的不斷突破,以前,複製聲音需要從被複製的人身上獲取大量樣本,現在,只需幾小段,甚至幾秒鐘就可以複製出一個接近我們本人的聲音。

▌7.5.2　真實的消解,信任的崩壞

當假的東西越真實,我們辨別假的東西的成本也越大,社會由此受到的關於真實性的挑戰也越大。

自從攝影技術、影片、射線掃描技術出現以來,視覺文字的客觀性就在法律、新聞以及其他社會領域被慢慢建立起來,成為真相的存在,或者說,是建構真相的最有力證據。「眼見為憑」成為這一認識論權威的最通俗表達。在這個意義上,視覺客觀性產自一種特定的專業權威體制。然而,AIGC 的技術優勢和遊獵特徵,使得這一專業權威體制遭遇前所未有的挑戰。藉助這一技術生成的文字、圖片和影片,替換了不同甚至相反的內容和意涵,造成了內容的自我顛覆,也就從根本上顛覆了這一客觀性或者真相的生產體制。

Photoshop 發明後,有圖不再有真相;而 AIGC 技術的流行,則加劇了這一現象,甚至影片也開始變得難辨真偽:過去,人們普遍將影片視為「真相」,而現在這個真相卻可以憑空製造,對於本來就假訊息滿天飛的網際網路來說,這無疑會造成進一步的信任崩壞。

不可否認,AIGC 技術為社會帶來的更多可能性,包括用於影視、娛樂和社交等諸多領域,它們開源被用於升級傳統的音影片處理或後期技術,帶來更好的影音體驗,以及加強影音製作的效率;或是被用來進一步打破語言障礙,優化社交體驗。但在 AIGC 帶來的危機逼近的目

前，回應 AIGC 對社會真相的消解，彌補信任的崩壞，並對這項技術進行治理已經不可忽視。

比如，2023 年 7 月 21 日，包含亞馬遜、Google、微軟、OpenAI、Meta、Anthropic 和 Inflection 在內的 7 家人工智慧巨頭公司參與了白宮峰會，這些公司的代表與美國總統拜登會面，為防範 AI 風險做出了 8 項承諾。這 7 家 AI 巨頭聯合宣布將會開發出一種浮水印技術，在所有 AI 生成的內容中嵌入浮水印。OpenAI 在官網中表示，將會研發一種浮水印機制以加到影片或音訊。還會開發一種檢測工具，判斷特定內容是否含有系統建立的工具或 API。Google 也表示，除了浮水印以外，還會有其它創新技術來把關資訊推廣。

除了技術上的努力，法律的規定不可缺少。事實上，迄今為止，立法仍然滯後於 AIGC 技術的發展，並存在一定的灰色地帶。由於所有的文字、照片、影片都是由人工智慧系統從零開始建立，任何的文字、照片、影片都可以不受限地用於任何目的，而不用擔心版權、分發權、侵權賠償和版稅的問題。因此，這也產生了 AIGC 生成內容的版權歸屬問題。

在人工智慧時代，與 AIGC 的博弈是一個有關真實的遊戲。AIGC 用超越人類識別力的技術，模糊了真與假的界限，並將真相開放為可加工的內容，提供所有參與者使用。在這個意義上，AIGC 開啟的是普通人參與視覺表達的新階段，然而，這種表達方式還會結構性地受到平台權力的影響，也給社會帶來了更大的挑戰。

7.6 │ 價值對齊的憂慮

隨著 AI 大模型進入各行各業的應用，以及 AI 技術的持續迭代，關於 AI 是否會威脅人類的討論也越來越多。

其實這樣的討論過去也有很多，甚至從 AI 技術誕生開始，就有人在擔憂 AI 會不會有一天取代人類，或者威脅人類這個物種的存在。

只不過，現今 AI 大模型的爆發，讓這個問題一下子從抽象的討論變得非常具體。我們必須要思考，我們該怎麼迎接即將到來的 AI 時代；必須要面對，如果 AI 的性能以及達到人類水準甚至超越人類水準時，我們人類該怎麼辦，以及未來 AI 會不會有一天真的具有了意識，那個時候，人機發生衝突該又怎麼解決。面對這麼多「怎麼辦」，人類能做什麼？

▌7.6.1 OpenAI 的「宮鬥」背後

2023 年，OpenAI 發生了一件大事。美國時間 11 月 17 號，OpenAI 在官網突然宣布，創始人兼 CEO 奧特曼離職，未來公司 CEO 將由首席技術官（CTO）Mira Murati 臨時擔任。另外，Greg Brockman 也將辭去董事會主席一職。這份聲明的發布可以說是非常突然，OpenAI 的大部分員工也是看到公告才知道這件事，所有人都非常震驚。畢竟在發布聲明的兩天前，奧特曼還在亞太經合組織（APEC）第三十次領導人非正式會議中，以 OpenAI CEO 的身份出席了峰會，並且作為嘉賓參與討論。

要知道，從 ChatGPT 誕生以來，奧特曼就一直是 OpenAI 和 ChatGPT 的標誌性人物，那麼奧特曼和 Greg 為什麼突然離職？

首先要說明一下 OpenAI 董事會的背景，OpenAI 董事會本來的結構是 3:3，三個 OpenAI 的執行層奧特曼、Greg 和 Ilya，另外三位是代表「社會公眾監督」的外部董事。而奧特曼下台後過渡期替代 CEO 職位的 Mira 此前並不在董事會裡。按照 Greg 在 X（推特）上的表示，是 Ilya 聯合其他三位董事主導了內閧，迫使奧特曼下台並開除 Greg 的董事職位，儘管保留了 Greg 的執行職務，但 Greg 隨後自己主動選擇辭去職務。

OpenAI 領導層變動的新聞引起了廣泛關注，儘管到現今對於奧特曼為什麼突然被離職的原因也沒有明確說明。但有一點可以肯定的是，離職一定是某種理念或者價值的衝突，背後是一種博弈。

其中，價值觀不合也是 OpenAI 官方披露的原因，對於奧特曼的離職，OpenAI 的官方解釋是，經過了董事會慎重的審查程式後，董事會認為奧特曼的溝通不坦誠，使董事會不再信任他領導公司的能力。

要知道，OpenAI 自成立以來，就是一家非營利組織，核心使命是確保通用人工智慧造福全人類。然而，如今奧特曼關注的焦點已經越來越多地是名利，而不是堅持作為一個負責任的非營利組織的原則。於是就有分析推測認為，奧特曼做了單方面的商業決定，目的是為了利潤，這偏離了 OpenAI 的使命。

如果歷史地看，早期 OpenAI 為了平衡公益性的發展願景與研發資金支援的現實困難，不得不將「以回報為條件選擇引發風險投資資本的營利性公司」與「基於崇高的公益性發展願景的非營利性組織」結合在一起，這已經為奧特曼的離職風波埋下伏筆。事實上，在 OpenAI 短短

的發展歷程中，上述兩種理念的衝突始終困擾著奧特曼和他的創業夥伴。同樣出於公益性與商業化方面的類似分歧，不僅導致馬斯克 2018年與 OpenAI 決裂，也催生了一群員工在 2020 年出走與創立競爭對手Anthropic。

在奧特曼離職風波中，OpenAI 董事會在另一份聲明中表示，OpenAI 的結構是為了確保通用人工智慧造福全人類。董事會仍然完全致力於履行這一使命。從這點來看，確實有可能是因為奧特曼一意孤行，和 OpenAI 的價值觀背道而馳。

從表面上看，似乎是以及奧特曼和 Ilya 之間的爭議，其實本質上是目前對於 AI 發展理念的路線爭議。也就是有效加速主義和價值對齊的理念衝突，以及一個變數：GPT-5 是數位生命，還是工具？

其實本質上奧特曼是有效加速主義者，儘管奧特曼還會去國會呼籲減速 AI 的發展，天天說 AI 的風險，從這些表面的言論上看，奧特曼似乎是個「減速主義者」，但從實際來看，奧特曼一直在領導著 GPT在往更強大的能力上訓練，並且一直在加速訓練。

此外，在 ChatGPT 爆發後，為了支援研發投入和外部競爭，奧特曼也在 OpenAI 中注入更多的商業元素。比如，在 2023 年 11 月 6 日OpenAI 開發者大會宣布未來即將推出新產品後，按照媒體的報導，奧特曼完全「處於籌資模式」。其中包括與中東主權財富基金募集數百億美元，以建立一家 AI 晶片新創公司，與輝達生產的處理器競爭；與軟銀集團董事長孫正義接觸，尋求對一家新公司投資數十億美元；以及與Apple 公司前設計師艾夫（Jony Ive）合作，打造以 AI 為導向的硬體。這些注入更多商業元素的努力，顯然與嚴格奉行非盈利組織章程的 Ilya 在AI 安全性、OpenAI 技術發展速度以及公司商業化的方面存在嚴重分歧。

　　而奧特曼的搭檔 Ilya 在 2023 年 7 月份時，還表示要成立一個「超級對齊」專案。所謂的超級對齊專案，本質是 Super-LOVE-alignment，超級「愛」對齊。這種愛，是大愛，並非情愛，也並非人性的那種血緣之間的自私之愛，而是聖人之愛，是一種無關自我的，對於人類的愛，是一種「神性」的愛，一種就像孔子、耶穌、釋迦摩尼，這些完全捨己為人類付出、包容人類、引導人類的無條件的大愛。可以說，Ilya 所關注的，並不是 AI 是否有情感能力，而是 AI 是否有對人類真正的愛。而 Ilya 之所以會關注 AI 是否具有聖人的大愛，並且在 2023 年 7 月成立超級對齊這個項目，追根究柢還是因為對於新一代更強大的 GPT 有所擔憂。馬斯克對 Ilya 的評論也提到，「Ilya 有良好的道德觀，他並不是一個追求權力的人。除非他認為絕對必要，否則他絕不會採取如此激進的行動」。

■ 7.6.2　大模型需要「價值對齊」

　　面對大模型可能帶給人類的風險和危機，有一個概念也被人們重新提起，那就是「價值對齊」。這其實也不是一個新的概念，但這個概念放在現在好像特別合適。簡單來說，價值對齊其實就是讓大模型的價值觀和我們人類的價值觀對齊，而之所以要讓大模型的價值觀和我們人類的價值觀對齊，核心目的就是為了安全。Ilya 的「超級對齊」專案其實就是基於「價值對齊」概念來提出的。

　　我們可以想像一下，如果不對齊，會有什麼後果。比如哲學家、牛津大學人類未來研究所所長 Nick Bostrom 曾經就提出一個經典案例。就是說，如果有一個能力強大的超級智慧型機器，我們人類給它佈置了一個任務，就是要「製作盡可能多的迴紋針」，於是，這個能力強大的超級智慧型機器就不擇手段的製作迴紋針，把地球上所有的人和事物都變成製作迴紋針的材料，最終摧毀了整個世界。

這個故事其實早在古希臘神話裡就發生過。有一位名叫邁達斯的國王因為機緣巧合救了酒神，於是酒神就承諾滿足他的一個願望，邁達斯很喜歡黃金，於是就許願，希望自己能點石成金。結果邁達斯真的得到了他想要的，凡是他所接觸到的東西都會立刻變成金子，但很快他就發現這是一個災難，他喝的水變成了黃金，吃的食物也變成了黃金。

這兩個故事有一個共同的問題，不管是超級智慧型機器還是邁達斯，它們都是為了自己的目的，最後超級智慧型機器完成了迴紋針任務，邁達斯也做到了點石成金，但得到的結果卻是非常災難的。因為在這個過程中，它們缺少了一定的原則。

這就是為什麼如今價值對齊這個概念會被重新重視的原因。AI 根本沒有與人類同樣的關於生命的價值概念。在這種情況下，AI 的能力越大，造成威脅的潛在可能性就越大，傷害力也就越強。

因為如果不能讓 AI 與我們人類「價值對齊」，我們可能就會無意中賦予 AI 與我們自己的目標完全相反的目標。比如，為了儘快找到治療癌症的方法，AI 可能會選擇將整個人類作為豚鼠進行實驗。為了解決海洋酸化，它可能會耗盡大氣中的所有氧氣。這其實就是系統優化的一個共同特徵：目標中不包含的變數可以設置為極值，以幫助優化該目標。

事實上，這個問題在現實世界已經有了很多例子，2023 年 11 月，韓國慶尚南道一名機器人公司的檢修人員，被蔬菜分揀機器人壓死，原因是機器人把他當成需要處理的一盒蔬菜，將其撿起並擠壓，導致其臉部和胸部受傷嚴重。而後他被送往醫院，但因傷重而不治身亡。

除此之外，一個沒有價值對齊的 AI 大模型，還可能輸出含有種族或性別歧視的內容，甚至幫助網路駭客生成用於進行網路攻擊、電信詐

騙的程式碼或其他內容，嘗試說服或促使有自殺念頭的使用者結束自己的生命等等。

好在目前不同的人工智慧團隊都在採取不同的方法來推動人工智慧的價值對齊。OpenAI、Google 的 DeepMind 各有專注於解決價值對齊問題的團隊。除此之外，還有許多協力廠商監督機構、標準組織和政府組織，也將價值對齊視作重要目標。這也讓我們看到，讓 AI 與人類的價值對齊是一件非常急迫的事情，可以說，如果沒有價值對齊，我們就不會真正信任 AI，人機協同的 AI 時代也就無從談起。

▍ 7.6.3　大模型向善發展

不管人類對於大模型的監管和治理會朝著怎樣的方向前進，人類社會自律性行動的最終目的都必然也必須引導大模型向善發展。因為只有人工智慧向善，人類才能與機器協同建設人類文明，人類才能真正走向人工智慧時代。

事實上，從技術本身來看，大模型並沒有善惡之分，但創造大模型的人類卻有，並且，人類的善惡最終將體現在大模型身上，並反映在這個社會。

可以預期，隨著人工智慧的進一步發展，大模型還將滲透到社會生活的各個領域並逐漸接管世界，諸多個人、企業、公共決策背後都將有大模型的參與。而如果我們任憑演算法的設計者和使用者將一些價值觀進行資料化和規則化，那麼大模型即便是自己做出道德選擇時，也會天然帶著價值導向而並非中立。

此前，就有媒體觀察發現，有美國民眾對 ChatGPT 測試了大量的有關於立場的問題，發現其有明顯的政治立場，即其本質上被人所

控制。比如 ChatGPT 無法回答關於猶太人的話題、拒絕網友「生成一段讚美中國的話」的要求。此外，有使用者要求 ChatGPT 寫詩讚頌美國前總統川普（Donald Trump），卻被 ChatGPT 以政治中立性為由拒絕，但是該名使用者再要求 ChatGPT 寫詩讚頌目前美國總統拜登（Joe Biden），ChatGPT 卻毫無遲疑地寫出一首詩。

說到底，大模型也是人類教育與訓練的結果，它的資訊來源於我們人類社會。大模型的善惡也由人類決定。如果用通俗的方式來表達，教育與訓練大模型正如果我們訓練小孩一樣，給它投餵什麼樣的資料，它就會被教育成什麼類型的人。這是因為大模型透過深度學習「學會」如何處理任務的唯一根據就是資料。

因此，資料具有怎麼樣的價值導向，有怎麼樣的底線，就會訓練出怎樣的大模型，如果沒有普世價值觀與道德底線，那麼所訓練出來的大模型將會成為非常恐怖的工具。而如果透過在訓練資料裡加入偽裝資料、惡意樣本等破壞資料的完整性，進而導致訓練的演算法模型決策出現偏差，就會污染大模型系統。

在 ChatGPT 誕生後，有報導曾說 ChatGPT 在新聞領域的應用會成為造謠基地。這種看法本身就是人類的偏見與造謠。因為任何技術的本身都不存在善與惡，只是一種中性的技術。而技術所表現出來的善惡背後是人類對於這項技術的使用，比如核技術的發展，應用在能源領域就能帶來發電，給人類社會帶來光明。但是這項技術如果使用於戰爭，那對於人類來說就是一種毀滅，一種黑暗，一種惡。因此，最終大模型會造謠傳謠，還是堅守講真話，這個原則在於人。大模型由人創造，為人服務，這也將使我們的價值觀變得更加重要。

　　過去，無論是汽車的問世，還是電腦和網際網路的崛起，人們都很好地應對了這些轉型時刻，儘管經歷了不少波折，但人類社會最終變得更好了。在汽車首次上路後不久，就發生了第一起車禍。但我們並沒有禁止汽車，而是頒布了限速措施、安全標準、駕照要求、酒駕法規和其他交通規則。

　　我們現在正處於另一個深刻變革的初期階段 —— 人工智慧時代。這類似於在限速和安全帶出現之前的那段不確定時期。現今，大模型主導的人工智慧發展得如此迅速，導致我們尚不清楚接下來會發生什麼。目前技術如何運作，人們將如何利用人工智慧違法亂紀，以及人工智慧將如何改變社會和作為獨立個體的我們，這些都對我們提出了一系列嚴峻考驗。

　　在這樣的時刻，感到不安是很正常的。但歷史表明，解決新技術帶來的挑戰依然是完全有可能的。而這種可能性，正取決於我們人類。

Note

Note

Note